变频空调器维修三部曲

全彩图解变频空调器电控系统维修

李志锋　主编

U0280646

机械工业出版社

本书作者有超过10年的空调器维修经验，并且一直工作在维修第一线，书中很多内容都是作者长期维修经验的总结，非常有价值。本书采用电路原理图和实物照片相结合，并在图片上增加标注的方法来介绍变频空调器维修所必须掌握的基本知识和检修方法，重点介绍了变频空调器电控系统维修知识，主要内容包括变频空调器元器件、模块和变频压缩机，变频空调器单元电路对比和通信电路，交流变频空调器室内机和室外机电路，直流变频空调器室内机和室外机电路。另外，本书附赠有视频维修资料（通过"机械工业出版社E视界"微信公众号下载），内含变频空调器维修实际操作视频文件，能带给读者更直观的感受，便于读者学习理解。

本书适合初学、自学空调器维修人员阅读，也适合空调器维修售后服务人员、技能提高人员阅读，还可以作为职业院校、培训学校空调器相关专业学生的参考书。

图书在版编目（CIP）数据

全彩图解变频空调器电控系统维修 / 李志锋主编 . —北京：机械工业出版社，2019.4（2024.8重印）

（变频空调器维修三部曲）

ISBN 978-7-111-62162-1

Ⅰ.①全… Ⅱ.①李… Ⅲ.①变频空调器－电子系统－维修－图解 Ⅳ.① TM925.120.7-64

中国版本图书馆 CIP 数据核字（2019）第 039172 号

机械工业出版社（北京市百万庄大街 22 号　邮政编码 100037）

策划编辑：刘星宁　责任编辑：朱　林

责任校对：樊钟英　封面设计：马精明

责任印制：单爱军

北京虎彩文化传播有限公司印刷

2024 年 8 月第 1 版第 9 次印刷

184mm×260mm · 13.5 印张 · 334 千字

标准书号：ISBN 978-7-111-62162-1

定价：58.00 元

凡购本书，如有缺页、倒页、脱页，由本社发行部调换

电话服务　　　　　　　　　　网络服务

服务咨询热线：010-88361066　机 工 官 网：www.cmpbook.com

读者购书热线：010-68326294　机 工 官 博：weibo.com/cmp1952

金 书 网：www.golden-book.com

封面无防伪标均为盗版　　教育服务网：www.cmpedu.com

近几年来，变频空调器由于具有明显的节能性和舒适性已成为了市场的主流产品，很多产品也已经进入了维修期，随之而来的是维修服务需求的大量增加。并且变频空调器每年都会有大量的新机型、新技术不断涌现，更新迭代的速度也在不断加快。新进入的维修人员有希望在短期内掌握变频空调器维修基本技能的需求，原有的维修人员也有提高维修技术、掌握新方法和新技术的需求。本套丛书正是为了满足这些需求而编写的。

本套丛书共分为三本，分别为《全彩图解变频空调器维修极速入门》《全彩图解变频空调器电控系统维修》和《全彩图解变频空调器维修实例精解》。

本套丛书从入门（基础）—电控（提高）—实例（精通）三个学习层次，逐步深入，覆盖变频空调器维修所涉及的各种专项知识和技能，满足一线维修人员的需求，构建了完整的知识体系。本套丛书的作者有超过 10 年的空调器维修经验，并在多个大型品牌空调器售后服务部门工作过，书中内容源于自己长期实践经验的总结，很多内容在其他同类书中很难找到，非常有价值。另外，本套丛书都提供免费的维修视频供读者学习使用，内容涉及变频空调器维修实际操作技能，能够帮助读者快速掌握相关技能。读者可通过"机械工业出版社 E 视界"微信公众号下载该视频。

《全彩图解变频空调器电控系统维修》是本套丛书中的一本，重点介绍变频空调器电控系统维修知识，主要内容包括变频空调器元器件、模块和变频压缩机，变频空调器单元电路对比和通信电路，交流变频空调器室内机和室外机电路，直流变频空调器室内机和室外机电路。

需要注意的是，为了与电路板上实际元器件文字符号保持一致，书中部分元器件文字符号未按国家标准修改。本书测量电子元器件时，如未特别说明，均使用数字万用表。

本书由李志锋主编，参与本书编写并为本书编写提供帮助的人员有周涛、李嘉妍、李明相、班艳、刘提、刘均、金闯、李佳静、金华勇、金坡、李文超、金科技、高立平、辛朝会、王松、陈文成、王志奎等。值此成书之际，对他们所做的辛勤工作表示衷心的感谢。

由于作者能力水平所限，加之编写时间仓促，书中错漏之处难免，希望广大读者提出宝贵意见。

作　者

目 录 CONTENTS

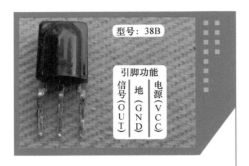

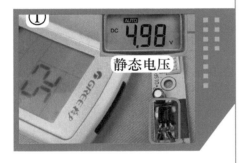

第一章

变频空调器通用元器件和主要元器件

第一节　通用元器件

变频空调器是在定频空调器的基础上升级而来，因此很多元器件既可以在定频空调器中使用，也可以在变频空调器中使用，本节介绍比较常见的通用元器件。

一、遥控器

1. 结构

遥控器是一种远控机械的装置，遥控距离 ≥ 7m，内部结构见图 1-1，由主板、显示屏、按键、后盖、前盖、电池盖等组成，控制电路单设有 1 个 CPU，位于主板背面。

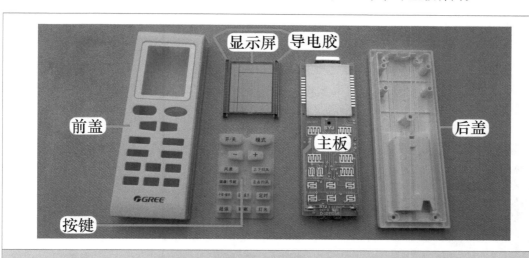

图 1-1　遥控器结构

2. 供电

遥控器供电通常使用 2 节 AAA 电池，每节电池电压为直流 1.5V，2 节共 3V；早期遥控器通常使用 5 号电池，目前则通常使用 7 号电池。

3. 晶振电路和键盘电路

品牌遥控器晶振电路通常使用 2 个晶振：见图 1-2 左图，1 个频率为 4MHz，产生的脉冲信号经 8 次分频，得出 38kHz 的载波脉冲频率，遥控器发射的信号就是调制在 38kHz 载波频率上向外发送；1 个频率为 32.768kHz，产生 32.768kHz 的脉冲信号，主要供 CPU 晶振（时钟）电路使用。

见图 1-2 右图，键盘电路由按键和电路板上的按键矩阵电路组成；按键上面的黑点为导电胶，正常阻值为 40 ~ 150Ω，常用的按键如"开关""温度加""温度减"等，通常会增加导电胶的个数或面积，以增加使用寿命；电路板上的按键矩阵电路每个开关，都有 2 根引线连接 CPU 的引脚；当按下按键时，导电胶使开关导通，也就是说 CPU 的其中 2 个引脚相通，CPU 根据相通的引脚判断出按键的信息（如"开关"）。

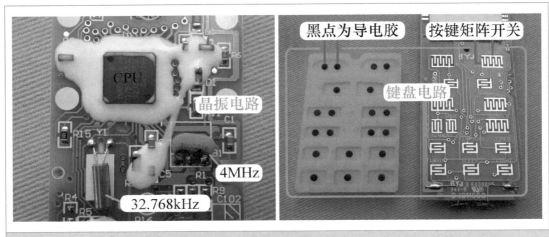

图 1-2　晶振电路和键盘电路

4. 显示流程

电路板和 LCD（液晶显示屏）通过斑马线式导电胶相连，见图 1-3，斑马线式导电胶是一种多个引线并联的导电胶；CPU 需要控制显示屏显示时，输出的控制信号经导电胶送至显示屏，从而控制显示屏按 CPU 的要求显示。

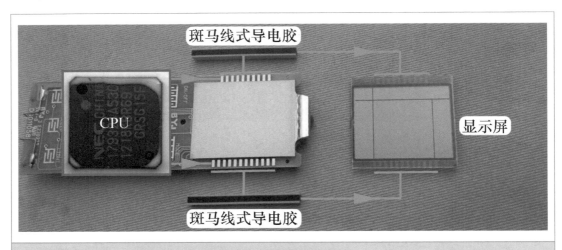

图 1-3　显示屏驱动流程

5. 发射二极管驱动电路

发射二极管驱动电路原理图见图 1-4 左图，实物图见图 1-4 右图。

当按压按键时，CPU 通过引脚检测到相应的按键功能（如"开关"），经过指令编码器转换为相应的二进制数字编码指令（以便遥控器信号被室内机主板 CPU 识别读出），再送至编码调制器，将二进制的编码指令调制在 38kHz 的载频信号上面，形成调制信号从 CPU 引脚输出，经 R4 送至晶体管 Q1 的基极，Q1 的集电极和发射极导通，3V 电压正极经 R12、红外发光二极管（发射二极管）LED、Q1 到 3V 电压负极，LED 将调制信号发射出去，发射距离约 7m。

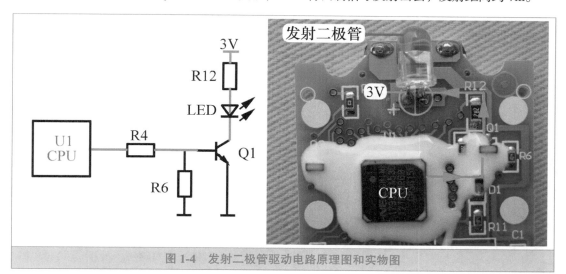

图 1-4　发射二极管驱动电路原理图和实物图

6. 遥控器检查方法

遥控器发射的红外线信号，肉眼看不到，但手机的摄像头却可以分辨出来，检查方法是使用手机的摄像功能，见图 1-5，将遥控器发射二极管（也称为红外发光二极管）对准手机摄像头，在按压按键的同时观察手机屏幕。

① 在手机屏幕上观察到发射二极管发光，说明遥控器正常。

② 在手机屏幕上观察发射二极管不发光，说明遥控器损坏。

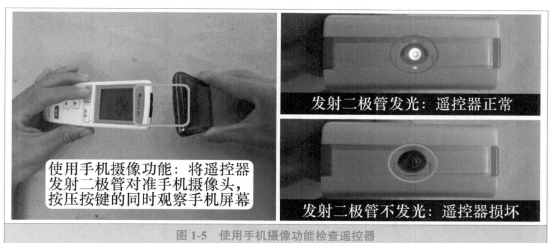

图 1-5　使用手机摄像功能检查遥控器

二、 接收器

1. 安装位置

显示板组件通常安装在前面板或室内机的右下角。格力 KFR-32GW/（32556）FNDe-3（凉之静系列）直流变频空调器，显示板组件使用指示灯 + 数码管的方式，见图 1-6，安装在前面板，前面板留有透明窗口，称为接收窗，接收器对应安装在接收窗后面。

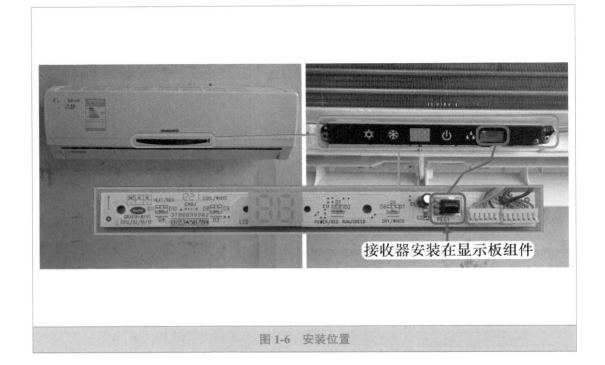

接收器安装在显示板组件

图 1-6　安装位置

2. 实物外形和工作原理

（1）作用

接收器内部含有光敏器件，即接收二极管，见图 1-7，其通过接收窗口接收某一频率范围的红外线，当接收到相应频率的红外线时，光敏器件产生电流，经内部 $I\text{-}V$ 电路转换为电压，再经过滤波、比较器输出脉冲电压、内部晶体管电平转换，接收器的信号引脚输出脉冲信号送至室内机主板 CPU 处理。

接收器对光信号的敏感区由于开窗位置不同而有所不同，且不同角度和距离其接收效果也有所不同；通常光源与接收器的接收面角度越接近直角，接收效果越好，接收距离一般不小于 7m。

接收器实现光电转换，将确定波长的光信号转换为可检测的电信号，因此又叫光电转换器。由于接收器接收的是红外光波，其周围的光源、热源、节能灯、荧光灯及发射相近频率的电视机遥控器等，都有可能干扰空调器的正常工作。

图 1-7　分立元件型接收器组成

（2）分类

目前接收器通常为一体化封装，实物外形和引脚功能见图 1-8，共有 3 个引脚，功能分别为地、电源（供电 5V）、信号（输出），外观为黑色，部分型号表面由铁皮包裹，通常和发光二极管（或 LED 显示屏）一起设计在显示板组件。常见接收器型号为 38B、38S、1838、0038 等。

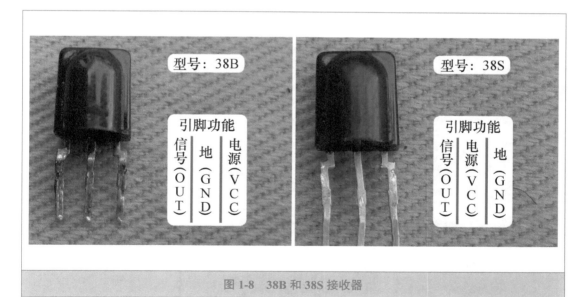

图 1-8　38B 和 38S 接收器

（3）引脚辨别方法

在维修时如果不知道接收器各引脚功能，见图 1-9，可查看显示板组件上滤波电容的正极和负极引脚、连接至接收器的引脚加以判断：滤波电容正极连接接收器电源（供电）引脚，负极连接地引脚，接收器的最后 1 个引脚为信号（输出）引脚。

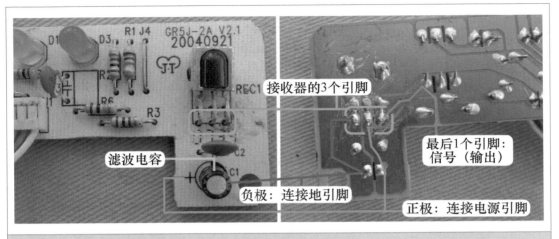

图 1-9　接收器引脚功能判断方法

3. 接收器检测方法

接收器在接收到遥控器信号（动态）时，信号（输出）引脚由静态电压瞬间下降至约直流 3V，然后再迅速上升至静态电压。遥控器发射信号时间约 1s，接收器接收到遥控器信号时输出端电压也有约 1s 的时间瞬间下降。

使用万用表直流电压档，见图 1-10，动态测量接收器信号引脚电压，黑表笔接地（GND）引脚、红表笔接信号（OUT）引脚，检测的前提是电源（5V）引脚电压正常。

① 接收器信号引脚静态电压：在无信号输入时电压应稳定约为 5V。如果电压一直在 2 ~ 4V 之间跳动，则为接收器漏电损坏，故障表现为有时接收信号有时不能接收信号。

② 按压按键遥控器发射信号，接收器接收并处理，信号引脚电压瞬间下降（约 1s）至约 3V。如果接收器接收信号时，信号引脚电压不下降即保持不变，则为接收器不接收遥控器信号故障，应更换接收器。

③ 松开遥控器按键，遥控器不再发射信号，接收器信号引脚电压上升至静态电压约 5V。

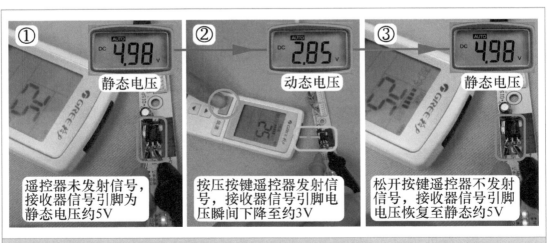

图 1-10　动态测量接收器信号引脚电压

三、 变压器

1. 安装位置和作用

挂式空调器的变压器安装在室内机电控盒上方的下部位置，见图 1-11 左图，柜式空调器的变压器安装在电控盒的左侧或右侧位置。

变压器插座在主板上英文符号为 T 或 TRANS。见图 1-11 右图，变压器通常有 2 个插头，大插头为一次绕组（俗称初级线圈），小插头为二次绕组（俗称次级线圈）。变压器工作时将交流 220V 电压降低到主板需要的电压，内部含有一次绕组和二次绕组，一次绕组通过变化的电流，在二次绕组中产生感应电动势，因为一次绕组匝数远多于二次绕组，所以二次绕组的感应电压为较低电压。

➡ 说明：如果主板电源电路使用开关电源，则不再使用变压器。

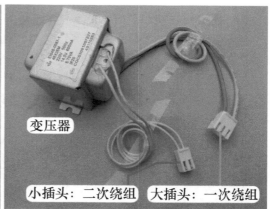

图 1-11　安装位置和实物外形

2. 测量变压器绕组阻值

示例为格力 KFR-32GW/（32556）FNDe-3 挂式变频空调器室内机使用的 1 路输出型变压器，使用万用表电阻档，测量一次绕组和二次绕组阻值。

（1）测量一次绕组阻值（见图 1-12）

变压器一次绕组使用的铜线线径较细且匝数较多，所以阻值较大，正常为 200 ~ 600Ω，实测阻值为 332Ω。

一次绕组阻值根据变压器功率的不同，实测阻值也各不相同，柜式空调器使用的变压器功率大，实测时阻值小（某型号柜式空调器变压器一次绕组实测为 203Ω）；挂式空调器使用的变压器功率小，实测时阻值大。

如果实测时阻值为无穷大，说明一次绕组存在开路故障，常见原因有绕组开路或内部串接的温度熔断器开路。

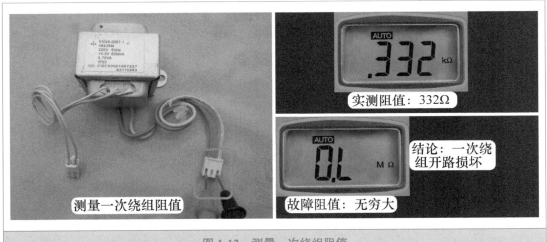

图 1-12　测量一次绕组阻值

（2）测量二次绕组阻值（见图 1-13）

变压器二次绕组使用的铜线线径较粗且匝数较少，所以阻值较小，正常为 0.5 ~ 2.5Ω，实测阻值为 1.5Ω。

二次绕组短路时阻值和正常阻值相接近，使用万用表电阻档不容易判断是否损坏。如二次绕组存在短路故障，常见表现为屡烧熔丝管（俗称保险管），检修时如变压器表面温度过高，检查室内机主板和供电电压无故障后，可直接更换变压器。

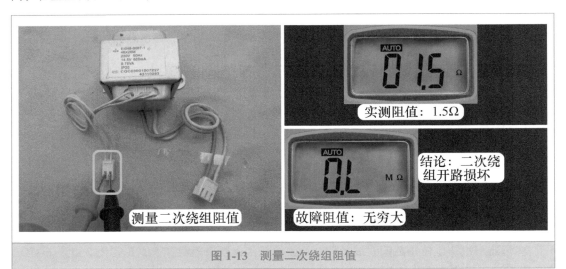

图 1-13　测量二次绕组阻值

3. 测量变压器绕组插座电压

（1）测量变压器一次绕组插座电压

使用万用表交流电压档，见图 1-14，测量变压器一次绕组插座电压，由于与交流 220V 电源并联，因此正常电压为交流 220V。

如果实测电压为 0V，可以判断变压器一次绕组无供电，表现为整机上电无反应的故障现象，应检查室内机电源接线端子电压和熔丝管阻值。

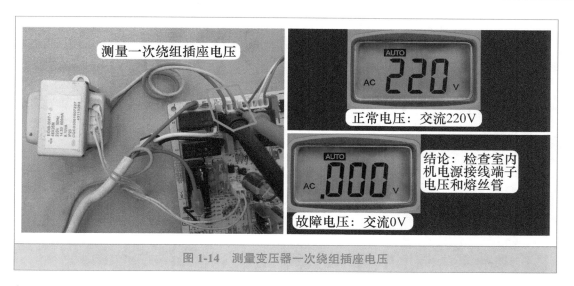

图 1-14　测量变压器一次绕组插座电压

（2）测量变压器二次绕组插座电压

变压器二次绕组输出电压经整流滤波后为直流 12V 和 5V 负载供电，使用万用表交流电压挡，见图 1-15，实测电压约为交流 15V。

如果实测电压为交流 0V，在变压器一次绕组供电电压正常和负载无短路的前提下，可大致判断变压器损坏。

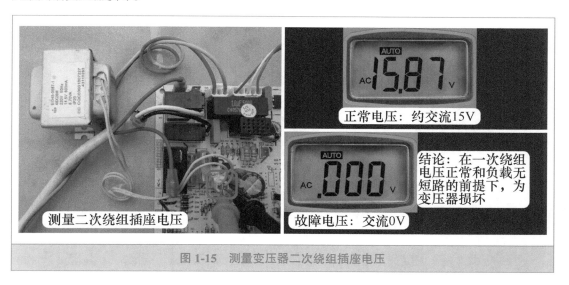

图 1-15　测量变压器二次绕组插座电压

四、 7805 和 7812 稳压块

1. 外形和作用

7805 和 7812 稳压块使用在直流电压的稳压电路，实物外形见图 1-16，作用是在电网电压变化时保持主板直流 5V 和 12V 电压稳定，安装在主滤波电容附近。出于节省成本的考虑及直流 12V 负载情况，部分主板在设计时取消了 7812 稳压块。

7805 和 7812 均设有 3 个引脚，从左到右依次为：输入端、地、输出端；最高输出电流为 1.5A，最高输入电压为直流 35V。7805 和 7812 有铁壳和塑封两种封装方式，使用铁壳封装时，铁壳（即散热片）和地脚相通。

78 后面的数字代表输出正电压的数值，以 V 为单位。5V 稳压块表面印有 7805 字样，其输出端为稳定的 5V；12V 稳压块表面印有 7812 字样，其输出端为稳定的 12V。前面英文字母为生产厂家或公司代号，后缀为系列号。

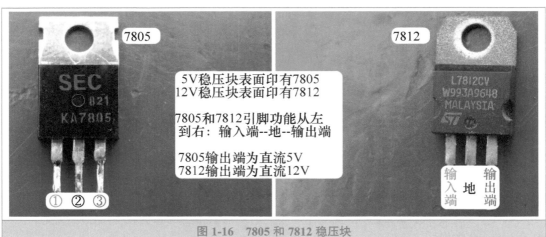

图 1-16   7805 和 7812 稳压块

2. 测量 7812 输入端和输出端电压

使用万用表直流电压挡，测量 7812 的输入端和输出端电压。

➡ 说明：示例主板为格力 KFR-32GW/（32556）FNDe-3 空调器室内机上所使用，7812 设有散热片，为使图片清晰，测量时取下了散热片。

（1）测量 7812 输入端电压（见图 1-17）

黑表笔接 7812 的②脚地（实测时接铁壳也可以），红表笔接①脚输入端，实测电压约为 18V，此电压由变压器二次绕组经整流滤波电路直接提供，因此随电网电压变化而变化。如果实测电压为 0V，常见为变压器一次绕组开路或整流滤波电路出现故障。

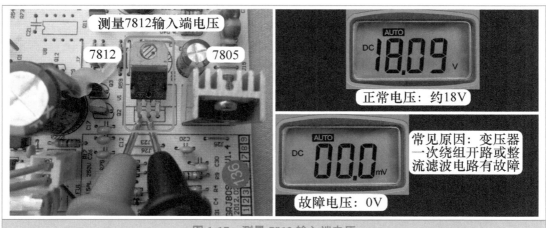

图 1-17   测量 7812 输入端电压

（2）测量 7812 输出端电压（见图 1-18 左图）

黑表笔接 7812 的②脚地，红表笔接③脚输出端，正常电压应为稳定的直流 12V；如果实测为 0V，在输入电压正常的前提下，常见为 7812 损坏或 12V 负载有短路故障。

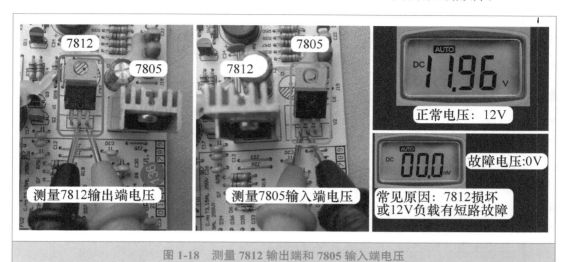

图 1-18　测量 7812 输出端和 7805 输入端电压

3. 测量 7805 输入端和输出端电压

（1）测量 7805 输入端电压（见图 1-18 中图）

黑表笔接 7805 的②脚地、红表笔接①脚输入端，正常电压应为稳定的直流 12V；如果实测为 0V，在 7812 输入电压正常的前提下，常见为 7812 损坏或 12V 负载有短路故障。

➡ 说明：如果室内机主板未设计 7812，则 7805 输入端电压约为直流 14V，此电压由变压器二次绕组经整流滤波电路直接提供，因此随电网电压变化而变化。

（2）测量 7805 输出端电压（见图 1-19）

黑表笔接 7805 的②脚地，红表笔接③脚输出端，正常电压为稳定的直流 5V；如果实测为 0V，在输入电压正常的前提下，常见为 7805 损坏或 5V 负载有短路故障。

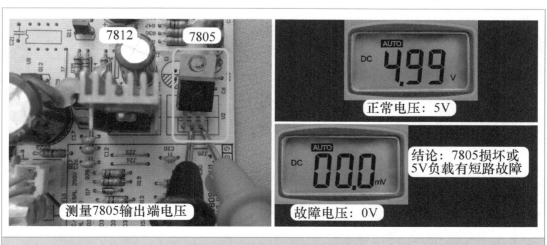

图 1-19　测量 7805 输出端电压

第二节　主要元器件

主要元器件是变频空调器电控系统比较重要的电气元器件，并且在定频空调器电控系统中没有使用，由于工作时通过的电流大，比较容易损坏。本节将对主要元器件的作用、实物外形、测量方法等做简单说明。

一、　PTC 电阻

1. 作用

PTC 电阻为正温度系数热敏电阻，阻值随温度上升而变大，与室外机主控继电器触点并联。室外机初次通电后，主控继电器因无工作电压而使触点断开，交流 220V 电压通过 PTC 电阻对滤波电容充电，PTC 电阻通过电流时由于温度上升阻值也逐渐变大，从而限制了充电电流，防止由于电流过大造成硅桥损坏等故障。在室外机供电正常后，CPU 控制主控继电器触点闭合，PTC 电阻便不起作用。

2. 安装位置

PTC 电阻安装在室外机主板主控继电器附近，见图 1-20，引脚与继电器触点并联，外观为黑色的长方体电子元件，共有 2 个引脚。

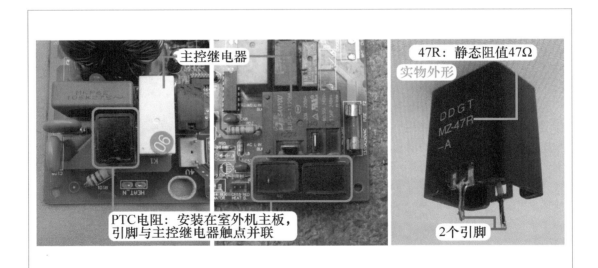

图 1-20　安装位置和实物外形

3. 外置式 PTC 电阻

早期空调器使用外置式 PTC 电阻，没有安装在室外机主板上面，见图 1-21，而是安装在室外机电控盒内，通过引线与室外机主板连接。外置式 PTC 电阻主要由 PTC 元件、绝缘垫片、接线端子、外壳、顶盖等组成。

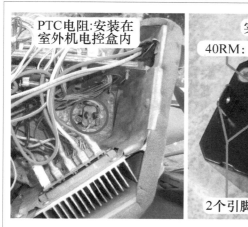
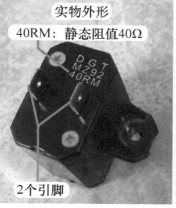
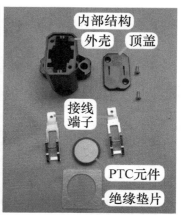

图 1-21　安装位置和内部结构

4. 测量阻值

PTC 元件使用型号通常为 25℃/47Ω，见图 1-22 左图，常温下测量阻值为 50Ω 左右，表面温度较高时测量阻值为无穷大。常见为开路故障，即常温下测量阻值为无穷大。

由于 PTC 电阻 2 个引脚与室外机主控继电器 2 个触点并联，使用万用表电阻档，见图 1-22 右图，测量继电器的 2 个端子（触点）就相当于测量 PTC 电阻的 2 个引脚，实测阻值约为 50Ω。

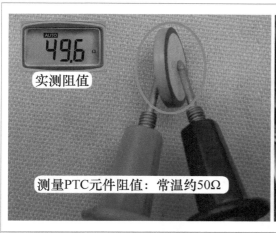
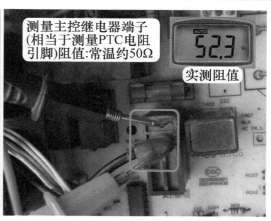

图 1-22　测量 PTC 电阻阻值

二、　硅桥

1. 作用

硅桥内部为 4 个整流二极管组成的桥式整流电路，将交流 220V 电压整流成为脉动的直流 300V 电压。

由于硅桥工作时需要通过较大的电流，功率较大且有一定的热量，见图1-23左图，因此通常与模块一起固定在大面积的散热片上。

2. 分类

根据外观分类常见有3种：方形硅桥、扁形硅桥、PFC模块（内含硅桥）。

（1）方形硅桥

方形硅桥常用型号为S25VB60，安装位置见图1-23，通常固定在散热片上面，通过引线连接电控系统，25的含义为最大正向整流电流为25A，60的含义为最高反向工作电压为600V。

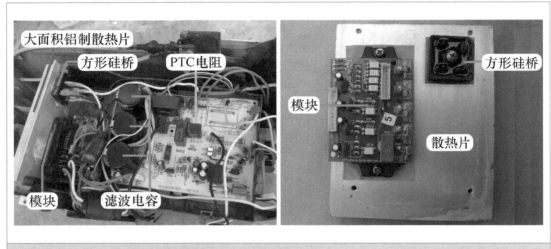

图1-23　方形硅桥

（2）扁形硅桥

扁形硅桥常用型号为D15XB60，安装位置见图1-24，通常焊接在室外机主板上面，15的含义为最大正向整流电流为15A，60的含义为最高反向工作电压为600V。

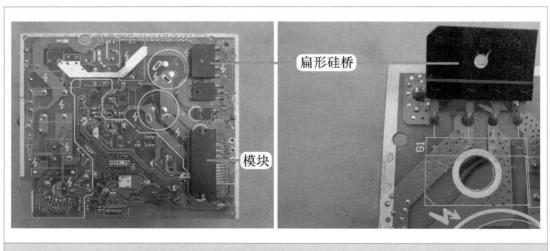

图1-24　扁形硅桥

（3）PFC 模块（内含硅桥）

目前变频空调器电控系统中还有一种设计方式，见图 1-25，就是将硅桥和 PFC 电路集成在一起，组成 PFC 模块，和驱动压缩机的变频模块设计在一块电路板上，因此在此类空调器中，找不到普通意义上的硅桥。

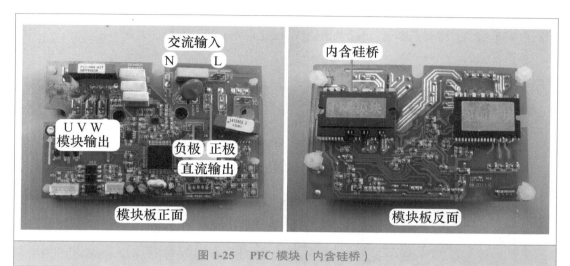

图 1-25　PFC 模块（内含硅桥）

3. 引脚功能和辨认方法

硅桥共有 4 个引脚，分别为 2 个交流输入端和 2 个直流输出端。2 个交流输入端接交流 220V，使用时没有极性之分。2 个直流输出端中的正极经滤波电感接滤波电容正极，负极直接与滤波电容负极相连。

方形硅桥：见图 1-26 左图，其中的 1 角有豁口，对应引脚为直流正极，对角线引脚为直流负极，其他 2 个引脚为交流输入端（使用时不分极性）。

扁形硅桥：见图 1-26 右图，其中 1 角有 1 个豁口，对应引脚为直流正极，中间 2 个引脚为交流输入端，最后 1 个引脚为直流负极。

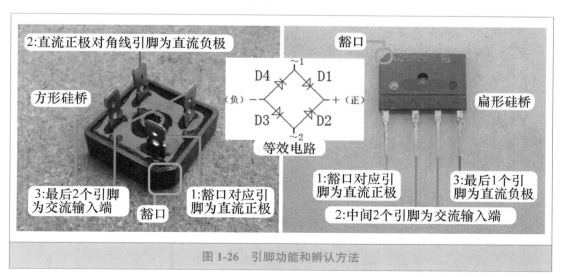

图 1-26　引脚功能和辨认方法

4. 测量硅桥

硅桥内部为 4 个大功率的整流二极管，测量时应使用万用表二极管档。

（1）测量正、负端子

相当于测量串联的 D1 和 D4（或串联的 D2 和 D3）。

红表笔接正，黑表笔接负，为反向测量，见图 1-27 左图，结果为无穷大。

红表笔接负，黑表笔接正，为正向测量，见图 1-27 右图，结果为 823mV。

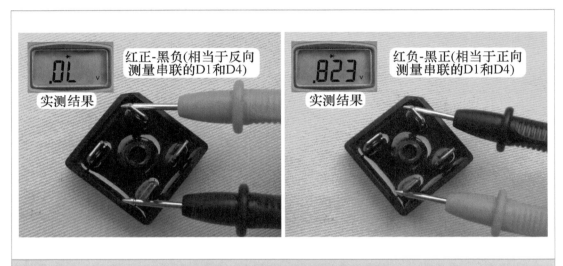

图 1-27　测量正、负端子

（2）测量正、2 个交流输入端

测量过程见图 1-28，相当于测量 D1、D2。

红表笔接正，黑表笔接交流输入端，为反向测量，2 次结果相同，均为无穷大。

红表笔接交流输入端，黑表笔接正，为正向测量，2 次结果相同，均为 452mV。

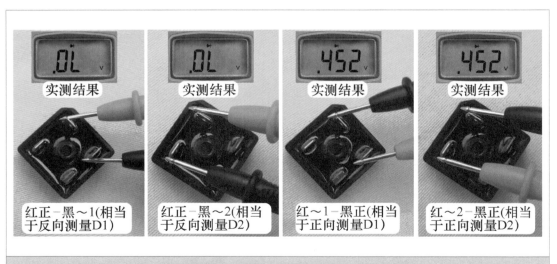

图 1-28　测量正、2 个交流输入端

（3）测量负、2个交流输入端

测量过程见图1-29，相当于测量D3、D4。

红表笔接负，黑表笔接交流输入端，为正向测量，2次结果相同，均为452mV。

红表笔接交流输入端，黑表笔接负，为反向测量，2次结果相同，均为无穷大。

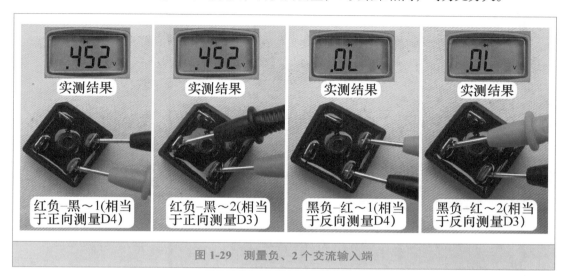

图1-29　测量负、2个交流输入端

（4）测量交流输入端～1、～2

相当于测量反方向串联的D1和D2（或D3和D4），见图1-30，由于为反方向串联，因此2次测量结果应均为无穷大。

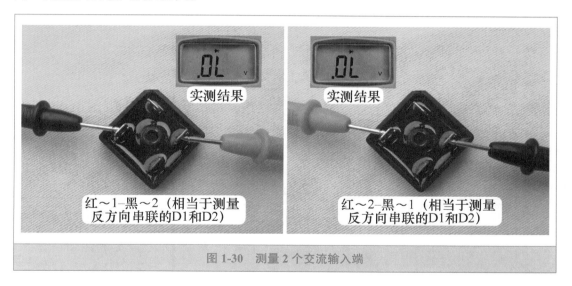

图1-30　测量2个交流输入端

三、　滤波电感

1. 作用和实物外形

根据电感线圈"通直流、隔交流"的特性，阻止由硅桥整流后直流电压中含有的交流成分通过，使输送滤波电容的直流电压更加平滑、纯净。

滤波电感实物外形见图 1-31，将较粗的电感线圈按规律绕制在铁心上，即组成滤波电感。只有 2 个接线端子，没有正反之分。

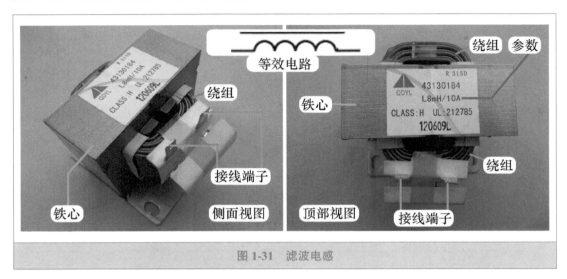

图 1-31　滤波电感

2. 安装位置

滤波电感通电时会产生电磁频率、且自身较重，容易产生噪声，为防止对主板控制电路产生干扰，见图 1-32 左图，早期的空调器通常将滤波电感设计安装在室外机底座上面。

由于滤波电感安装在底座上容易因化霜水浸泡出现漏电故障，见图 1-32 中图和右图，目前的空调器通常将滤波电感设计安装在挡风隔板的中部或电控盒的顶部。

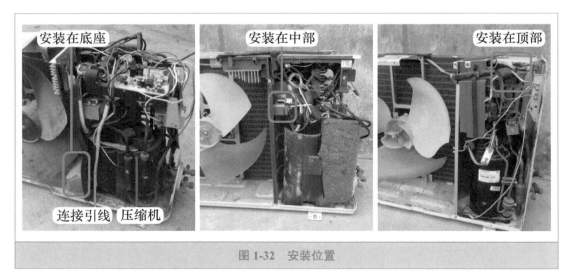

图 1-32　安装位置

3. 测量方法

测量滤波电感阻值时，使用万用表电阻档，见图 1-33 左图，实测阻值约为 1 Ω（0.3 Ω）。早期的空调器因滤波电感位于室外机底部，且外部有铁壳包裹，直接测量其接线端子不是很方便，见图 1-33 右图，检修时可以测量 2 个连接引线的插头阻值，实测约为 1Ω（0.2Ω）。如果实测阻值为无穷大，应检查滤波电感上的引线插头是否正常。

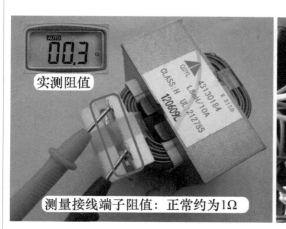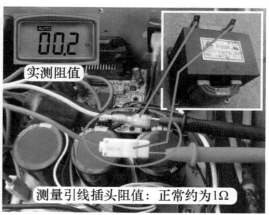

图 1-33　测量阻值

4. 常见故障

① 早期的空调器滤波电感安装在室外机底部，在制热模式下化霜过程中产生的化霜水易将其浸泡，一段时间之后（安装 5 年左右），会引起绝缘阻值下降，通常低于 2MΩ 时，会出现空调器接通电源之后，断路器（俗称空气开关）跳闸的故障。

② 由于绕制滤波电感绕组的线径较粗，很少有开路损坏的故障。而其工作时通过的电流较大，接线端子处容易产生热量，将连接引线烧断，常出现室外机无供电的故障。

四、　滤波电容

1. 作用

滤波电容实际为容量较大（约 2000μF）、耐压较高（约直流 400V）的电解电容。根据电容"通交流、隔直流"的特性，对滤波电感输送的直流电压再次滤波，将其中含有的交流成分直接导入地，使供给模块 P、N 端的直流电压平滑、纯净，不含交流成分。

2. 引脚作用

滤波电容共有 2 个引脚，分别是正极和负极。正极接模块的 P 端子，负极接模块的 N 端子，负极引脚对应有"｜"状标志。

3. 分类

按电容个数分类，有 2 种形式：单个电容或几个电容并联组成。

（1）单个电容

见图 1-34，由 1 个耐压 400V、容量为 2500μF 的电解电容，对直流电压滤波后为模块供电，常见于早期生产的挂式变频空调器或目前的柜式变频空调器，电控盒内设有专用安装位置。

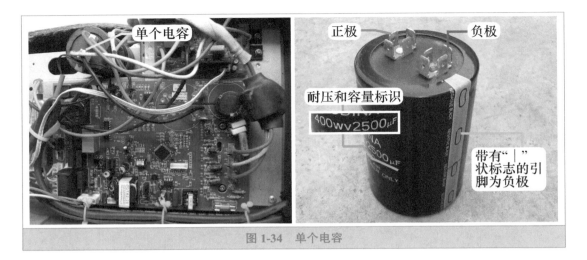

图 1-34　单个电容

（2）多个电容并联

由 2 ~ 4 个耐压 450V、容量 680μF 的电解电容并联组成，对直流电压滤波后为模块供电，总容量为单个电容标注容量相加，见图 1-35。常见于目前生产的变频空调器中，直接焊在室外机主板上。

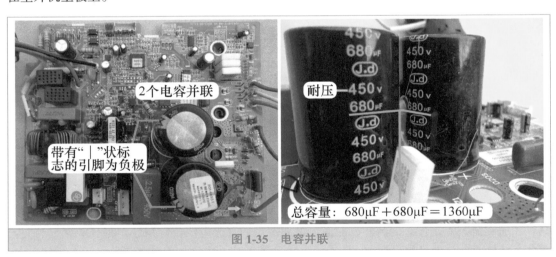

图 1-35　电容并联

五、 **直流电机**

1.　作用

直流电机应用在全直流变频空调器的室内风机和室外风机，见图 1-36，作用与安装位置和普通定频空调器室内机的室内风机（PG 电机）、室外机的室外风机（轴流电机）相同。

室内直流风机带动室内风扇（贯流风扇）运行，制冷时将蒸发器产生的冷量输送到室内，降低房间温度。

室外直流风机带动室外风扇（轴流风扇）运行，制冷时将冷凝器产生的热量排放到室外，吸入自然空气为冷凝器降温。

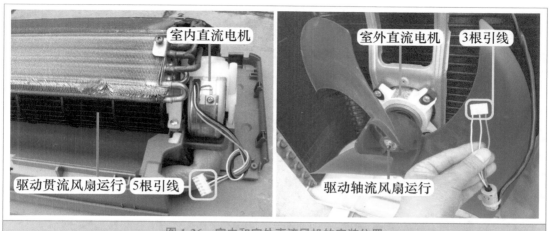

图 1-36　室内和室外直流风机的安装位置

2. 分类

直流电机和交流电机最主要的区别有两点：一是直流电机供电电压为直流 300V；二是转子为永磁铁，直流电机也称为无刷直流电机。

目前直流电机根据引线常分为两种类型：一种为 5 根引线；一种为 3 根引线。5 根引线的直流电机应用在早期和目前的全直流变频空调器，3 根引线的直流电机应用在目前的全直流变频空调器。

3. 剖解 5 根引线的直流电机

由于 5 根引线的室内直流电机和室外直流电机的内部结构基本相同，本小节以室内风机使用的直流电机为例，介绍内部结构等知识。

（1）实物外形和组成

见图 1-37 左图，示例电机为松下公司生产，型号为 ARW40N8P30MS，8 极（实际转速约 750 r/min），功率为 30W，供电为直流 280 ~ 340V。

见图 1-37 右图，直流电机由上盖、转子（含上轴承、下轴承）、定子（内含线圈和下盖）、控制电路板（主板）组成。

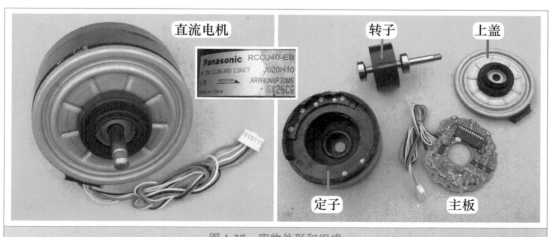

图 1-37　实物外形和组成

（2）转子组件

见图 1-38，转子主要由主轴、转子、上轴承、下轴承等组成。直流电机的转子和交流电机的转子的不同之处在于其由永磁铁构成，表面有很强的吸力，将螺钉旋具（俗称螺丝刀）放在上面，能将铁杆部分紧紧地吸住。

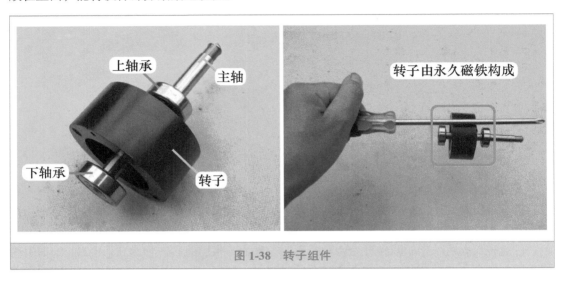

图 1-38　转子组件

（3）定子组件

定子组件由定子和下盖组成，并塑封为一体，见图 1-39。线圈塑封固定在定子内部，从外面看不到线圈，只能看到接线端子；下盖设有轴承孔，安装转子组件中的下轴承，将转子安装到下轴承孔时，转子的磁铁部分和定子在高度上相对应。

图 1-39　定子组件

线圈塑封在定子内部，共引出 4 个接线端子，见图 1-40 左图，分别为线圈的中点、U、V、W。U、V、W 端子和电机内部主板的模块上 U、V、W 端子对应连接，中点接线端子和主板不相连，相当于空闲的端子。

测量线圈的阻值时，使用万用表电阻档，测量 U 和 V 间、U 和 W 间、V 和 W 间的 3 次阻值应相等，见图 1-40 右图，实测约为 80Ω。

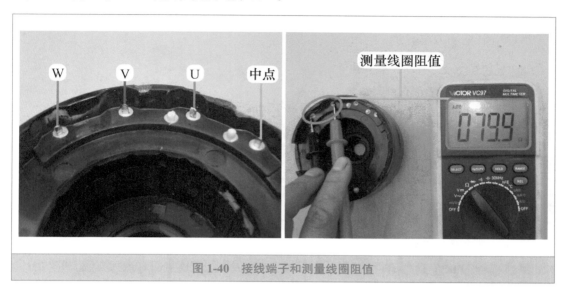

图 1-40　接线端子和测量线圈阻值

（4）主板

电机内部设有主板，见图 1-41，主要由控制电路集成块、3 个驱动电路集成块、1 个模块、1 束连接线（共 5 根引线）组成。

主要元器件均位于主板正面，反面只设有简单的贴片元器件。由于模块运行时热量较大，其表面涂有散热硅脂，紧贴在上盖，由上盖的铁壳为模块散热。

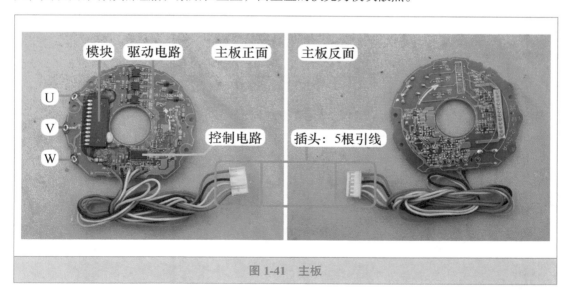

图 1-41　主板

（5）5 根连接线

见图 1-42，无论是室内直流电机还是室外直流电机，插头均只有 5 根连接线，插头一端连接电机内部的主板，插头另一端和室内机或室外机主板相连，为电控系统构成通路。

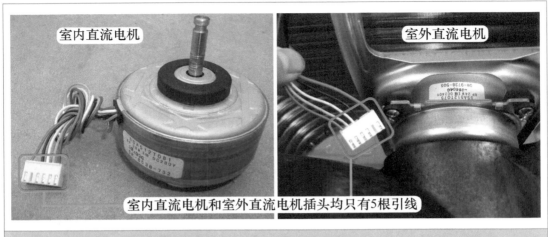

图1-42 5根连接线

插头引线的作用见图1-43。

① 号红线 V_{DC}：直流300V电压正极引线，和②号黑线直流地组合成为直流300V电压，为主板内模块供电，其输出电压驱动电机线圈。

② 号黑线 GND：直流电压300V和15V的公共端地线。

③ 号白线 V_{CC}：直流15V电压正极引线，和②号黑线直流地组合成为直流15V电压，为主板的弱信号控制电路供电。

④ 号黄线 V_{SP}：驱动控制引线，室内机或室外机主板CPU输出的转速控制信号，由驱动控制引线送至电机内部控制电路，控制电路处理后驱动模块可改变电机转速。

⑤ 号蓝线 FG：转速反馈引线，直流电机运行后，内部主板输出实时的转速信号，由转速反馈引线送到室内机或室外机主板，供CPU分析判断，并与目标转速相比较，使实际转速和目标转速相对应。

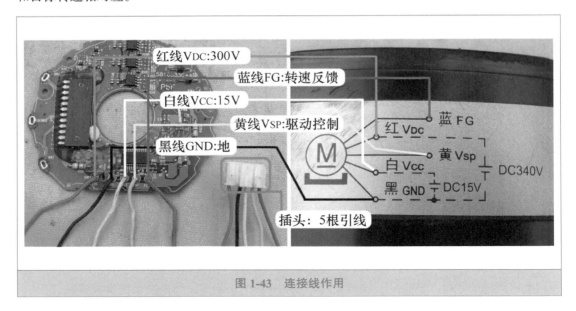

图1-43 连接线作用

4．3 根引线的直流电机

（1）实物外形和铭牌

目前全直流变频空调器还有 1 种形式，就是使用 3 根引线的直流电机，用来驱动室内或室外风扇。见图 1-44，示例电机由通达公司生产（空调器风扇无刷直流电动机），型号为 WZDK34-38G-W，（驱动线圈的模块）供电为直流 280V、34W、8 极，理论转速为 1000r/min，其连接线只有 3 根，分别为蓝线 U、黄线 V、白线 W，引线功能标识为 U、V、W，和压缩机连接线功能相同，说明电机内部只有线圈（绕组）。

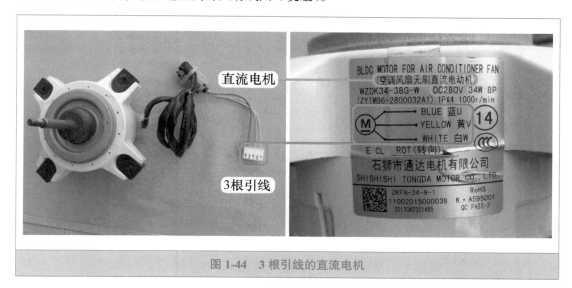

图 1-44　3 根引线的直流电机

（2）风机模块设计位置

由于电机内部只有线圈（绕组），见图 1-45，将驱动线圈的模块设计在室外机主板（或室内机主板），风机模块可分为单列或双列封装（根据型号可分为无散热片自然散热和散热片散热），相对应的驱动电路也设计在主板。

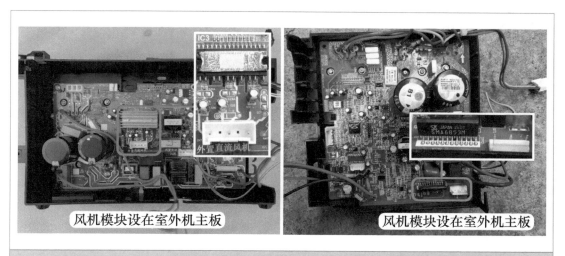

图 1-45　风机模块设计位置

（3）测量线圈阻值

测量 3 线直流电机线圈阻值时，使用万用表电阻档，见图 1-46，表笔接蓝线（U）和黄线（V）测量阻值约为 66Ω，蓝线（U）和白线（W）阻值约为 66Ω，黄线（V）和白线（W）阻值约为 66Ω。根据 3 次测量阻值结果均相等，可发现和测量变频压缩机线圈方法相同。

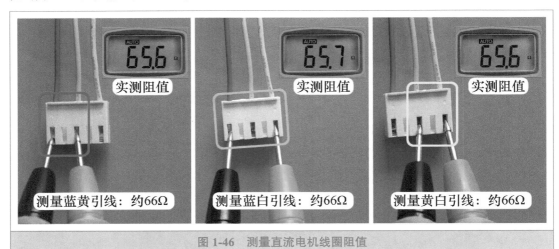

图 1-46　测量直流电机线圈阻值

六、　电子膨胀阀

1. 基础知识

（1）安装位置

电子膨胀阀通常是垂直安装在室外机，见图 1-47，其在制冷系统中的作用和毛细管相同，即降压节流和调节制冷剂流量。

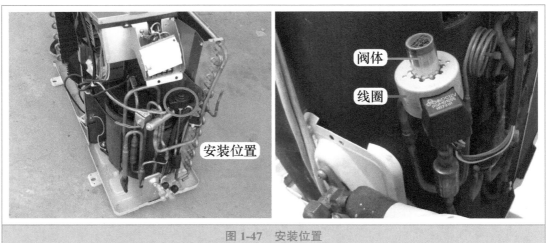

图 1-47　安装位置

（2）电子膨胀阀组件

见图 1-48，电子膨胀阀组件由线圈和阀体组成，线圈连接室外机电控系统，阀体连接制冷系统，其中线圈通过卡箍卡在阀体上面。

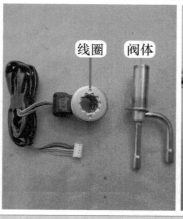

图 1-48　电子膨胀阀组件

（3）型号

示例电子膨胀阀由三花公司生产。见图 1-49 左图，线圈型号为 Q12-GL-01，表示为格力公司定制的 Q 系列阀体使用的线圈，供电电压为直流 12V，16082041 为物料编号。

见图 1-49 右图，阀体型号为 1.65C-06，1.65 为阀孔通径，C 表示使用制冷剂为 R410A 的系统（A 为 R22 制冷剂、B 为 R407C 制冷剂），06 为设计序列号，16071262 为格力配件的物料编号。

示例膨胀阀的阀孔通径为 1.65 mm，其名义容量为 5.3kW，使用在 1.5P 的空调器中，阀孔通径和空调器匹数的对应关系见表 1-1。

表 1-1　阀孔通径和空调器匹数的对应关系

阀孔通径 /mm	1.3	1.65	1.8	2.2	2.4	3.0	3.2
空调器匹数（P）	1 ~ 1.25	1.5 ~ 2	2 ~ 2.5	2.5 ~ 3	3 ~ 4	5 ~ 6	6 ~ 7

图 1-49　型号

（4）主要部件

见图 1-50，阀体主要由转子、阀杆和底座组成，和线圈一起称为电子膨胀阀的四大部件。

线圈：相当于定子，将电控系统输出的电信号转换为磁场，从而驱动转子转动。

转子：由永磁铁构成，顶部连接阀杆，工作时接受线圈的驱动，做正转或反转的螺旋回转运动。

阀杆：通过中部的螺钉固定在底座上面。由转子驱动，工作时转子带动阀杆做上行或下行的直线运动。

底座：主要由黄铜制成，上方连接阀杆，下方引出 2 根管子连接制冷系统。

辅助部件设有限位器和圆筒铁皮。

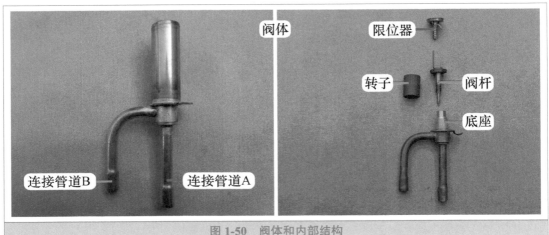

图 1-50　阀体和内部结构

（5）制冷剂流动方向

示例电子膨胀阀连接管道为 h 形，共有 2 根铜管与制冷系统连接。假定正下方的竖管称为 A 管，其连接二通阀；横管称为 B 管，其连接冷凝器出管。

制冷模式：制冷剂流动方向为 B → A，见图 1-51 左图，冷凝器流出低温高压液体，经毛细管和电子膨胀阀双重节流后变为低温低压液体，再经二通阀由连接管道送至室内机的蒸发器。

制热模式：制冷剂流动方向为 A → B，见图 1-51 右图，蒸发器（此时相当于冷凝器出口）流出低温高压液体，经二通阀送至电子膨胀阀和毛细管双重节流，变为低温低压液体，送至冷凝器出口（此时相当于蒸发器进口）。

图 1-51　制冷剂流动方向

2. 工作原理

（1）驱动流程

CPU需要控制电子膨胀阀工作时，输出4路驱动信号，经反相驱动器反相放大后，经插座送至线圈，线圈将电信号转换为磁场，带动阀体内转子螺旋转动，转子带动阀杆向上或向下垂直移动，阀针上下移动，改变阀孔的间隙，使阀体的流通截面积发生变化，改变制冷剂流过时的压力，从而改变节流压力和流量，使进入蒸发器的流量与压缩机运行速度相适应，达到精确调节制冷量的目的。

膨胀阀驱动流程：见图1-52，CPU →反相驱动器→线圈→转子→阀杆→阀针→阀孔开启或关闭。

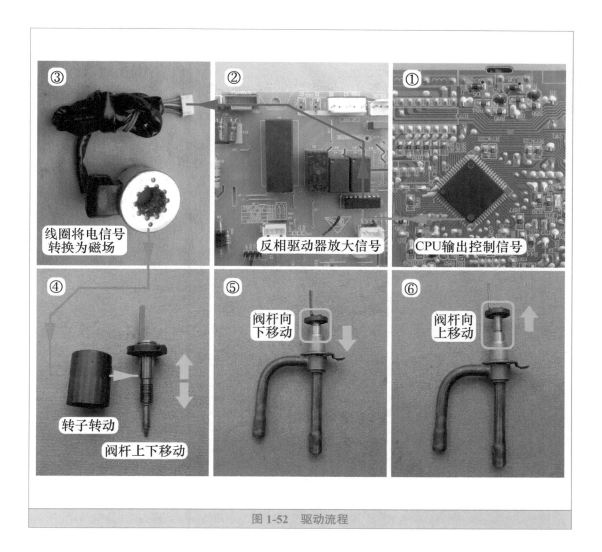

图1-52 驱动流程

（2）阀杆位置

室外机CPU上电复位：控制电子膨胀阀时，首先是向上移动处于最大打开位置，然后再向下移动处于关闭位置，此时为待机状态。

遥控器开机：室外机运行，则阀杆向上移动，处于节流降压状态。

遥控器关机：室外机停止运行，延时过后，阀杆向下移动，处于关闭位置。

（3）优点和缺点

压缩机在高频或低频运行时对进入蒸发器的制冷剂流量要求不同，高频运行时要求进入蒸发器的流量大，以便迅速蒸发，提高制冷量，可迅速降低房间温度；低频运行时要求进入蒸发器的流量小，降低制冷量，以便维持房间温度。

使用毛细管作为节流元件，由于节流压力和流量为固定值，因而在一定程度上降低了变频空调器的优势；而使用电子膨胀阀作为节流元件则满足制冷剂流量变化的要求，从而最大程度地发挥变频空调器的优势。

使用电子膨胀阀的变频空调器，由于运行过程中需要同时调节两个变量，这也要求室外机主板上的CPU有很强的运算能力；同时电子膨胀阀与毛细管相比成本较高，一般使用在高档空调器中。

如果电子膨胀阀的开度控制不好（即和压缩机转速不匹配），制冷量会下降甚至低于使用毛细管作为节流元件的变频空调器。

3. 测量线圈阻值

线圈根据引线数量分为两种：一种为6根引线，其中有2根引线连在一起为公共端接电源直流12V，余下4根引线接CPU控制电路；另一种为5根引线，见图1-53，1根为公共端接直流12V（示例为蓝线），余下4根接CPU控制电路（黑线、黄线、红线、橙线）。

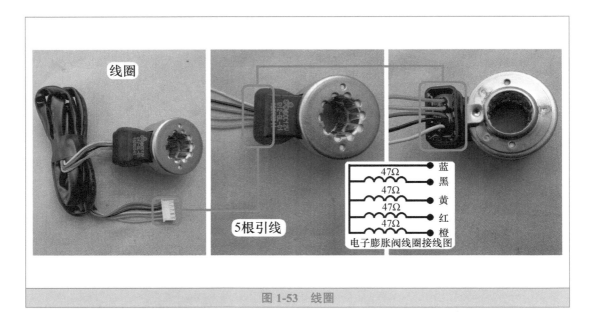

图 1-53　线圈

测量电子膨胀阀线圈阻值的方法和测量步进电机线圈相同，使用万用表电阻档，见图1-54，黑表笔接公共端蓝线，红表笔分别接4根控制引线，蓝与黑、蓝与黄、蓝与红、蓝与橙的阻值均为47Ω。

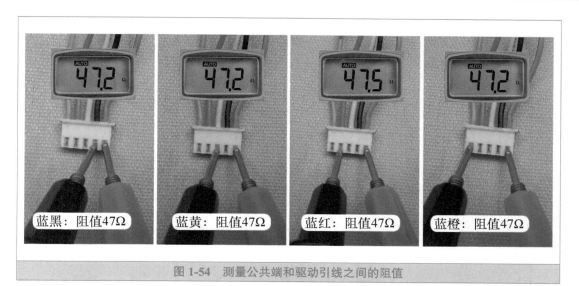

图 1-54　测量公共端和驱动引线之间的阻值

4 根接驱动控制的引线之间的阻值，应为公共端与 4 根引线阻值的 2 倍。见图 1-55，实测黑与黄、黑与红、黑与橙、黄与红、黄与橙、红与橙阻值相等，均为 94Ω。

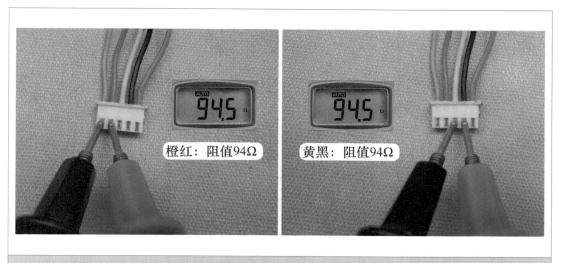

图 1-55　测量驱动引线之间的阻值

IPM 为智能功率模块（简称模块），是变频空调器电控系统中最重要的元器件之一，也是故障率较高的一个器件，属于电控系统主要元器件之一，由于知识点较多，因此单设一节进行详细说明。

一、基础知识

1. 模块板组件

（1）接线端子

图 2-1 左图为海尔公司早期某款交流变频空调器使用的模块板组件，主要接线端子功能如下：

ACL 和 ACN：共 2 个端子，为交流 220V 输入，接室外机主板的交流 220V。

RO 和 RI：共 2 个端子，接外置的滤波电感。

N− 和 P+：共 2 个端子，接外置的滤波电容。

U、V、W：共 3 个端子，为输出，接压缩机线圈。

右下角的白色插座共 4 个引针，为信号传送，接室外机主板，使室外机主板 CPU 控制模块板组件以驱动压缩机运行。

从图 2-1 右图可以看出，用于驱动压缩机的 IGBT 开关管，采用分立元件形式。

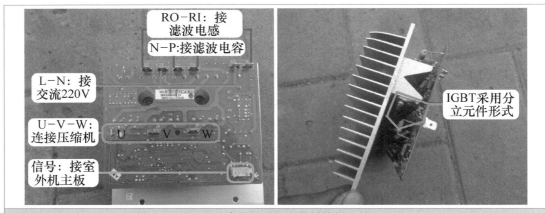

图 2-1　海尔公司早期的模块板组件

（2）单元电路

取下模块板组件的散热片，查看电路板单元电路，见图2-2，主要由以下几个单元电路组成：整流电路（整流硅桥）、PFC电路（改善电源功率因数）、电流检测电路、开关电源电路（提供直流15V、3.3V等电压）、控制电路（模块板组件CPU）、驱动电路（驱动IGBT开关管）和6个IGBT开关管等电路组成。

由于分立元件形式的IGBT开关管故障率和成本均较高，且体积较大，如果将6个IGBT开关管、驱动电路、电流检测电路等单独封装在一起，见图2-2右图，即组成常见的IPM模块。

➡ 说明：图2-2左图中，控制电路使用的集成块为东芝公司生产的微处理器，型号为TMG88CH40MG；驱动电路使用的集成块为IR公司生产，型号为2136S，功能是3相桥式驱动器，用于驱动6个IGBT开关管。

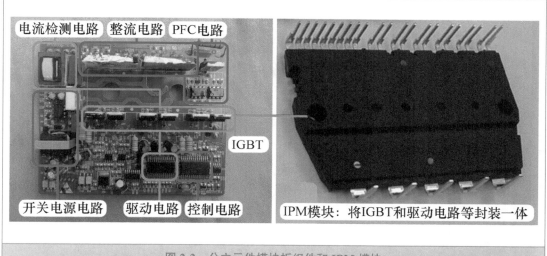

图2-2 分立元件模块板组件和IPM模块

（3）IGBT开关管

模块内部开关管方框简图见图2-3，实物图见图2-4。模块最核心的部件是IGBT开关管，压缩机有3个接线端子，模块需要3组独立的桥式电路，每组桥式电路由上桥和下桥组成，因此模块内部共设有6个IGBT开关管，分别称为U相上桥（U＋）和下桥（U－）、V相上桥（V＋）和下桥（V－）、W相上桥（W＋）和下桥（W－），由于工作时需要通过较大的电流，6个IGBT开关管固定在面积较大的散热片上面。

图2-4中IGBT开关管的型号为东芝GT20J321，为绝缘栅双极型晶体管，共有3个引脚，从左到右依旧为G（门极）、C（集电极或称为漏极D）、E（发射极或称为源极S），内部C极和E极并联有续流二极管。

室外机CPU（或控制电路）输出的6路信号（弱电），经驱动电路放大后接6个IGBT开关管的门极，3个上桥的集电极接直流300V的正极P端子，3个下桥的发射极接直流300V的负极N端子，3个上桥的发射极和3个下桥的集电极相通为中点输出，分别为U、V、W接压缩机线圈。

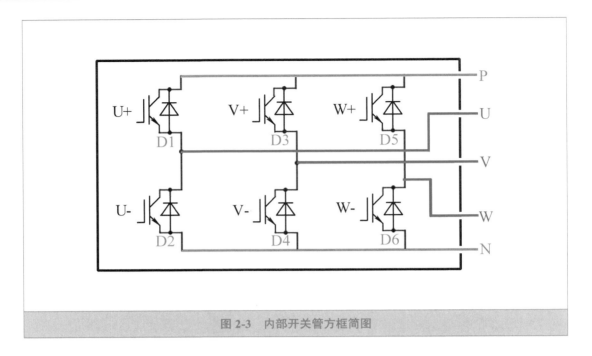

图 2-3　内部开关管方框简图

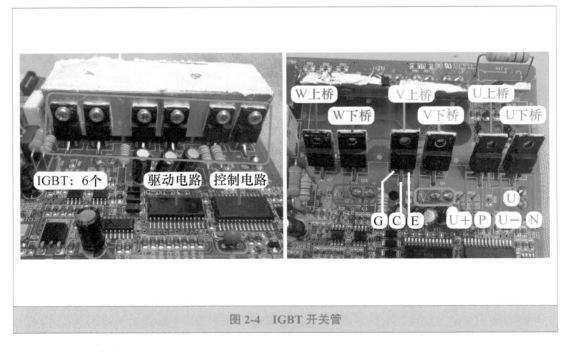

图 2-4　IGBT 开关管

（4）IPM 模块

严格意义的 IPM 模块见图 2-5，是一种智能的模块，将 IGBT 连同驱动电路和多种保护电路封装在同一个模块内，从而简化了设计，提高了稳定性。IPM 模块只有固定在外围电路的控制基板上，才能组成模块板组件。

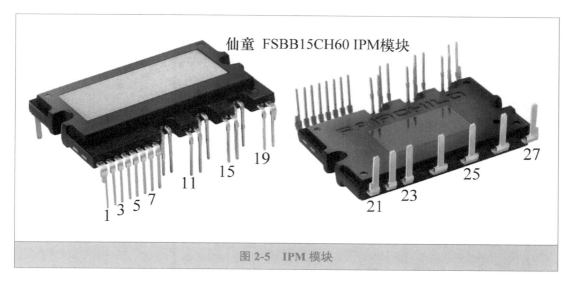

图 2-5　IPM 模块

2. 工作原理

模块可以简单地看作是电压转换器。室外机主板 CPU 输出 6 路信号，经模块内部驱动电路放大后控制 IGBT 开关管的导通与截止，将直流 300V 电压转换成与频率成正比的模拟三相交流电（交流 30 ~ 220V、频率 15 ~ 120Hz），驱动压缩机运行。

三相交流电压越高，压缩机转速及输出功率也越高（即制冷效果越好）；反之，三相交流电压越低，压缩机转速及输出功率也就越低（即制冷效果越差）。三相交流电压的高低由室外机 CPU 输出的 6 路信号决定。

3. 安装位置

由于模块工作时会产生很高的热量，因此设有面积较大的铝制散热片，并固定在上面，见图 2-6，模块设计在室外机电控盒里侧，室外风扇运行时带走铝制散热片表面的热量，间接为模块散热。

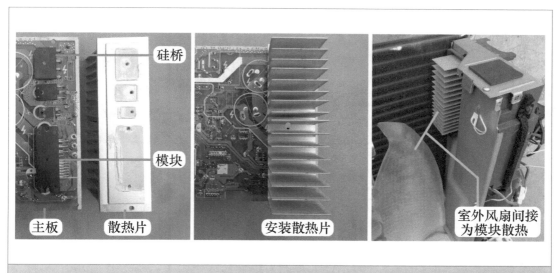

图 2-6　模块安装位置

二、 模块输入与输出电路

图 2-7 为模块输入与输出电路框图；图 2-8 为实物图。

➡ 说明：直流 300V 供电回路中，在实物图上未显示 PTC 电阻、室外机主控继电器、滤波电感等元器件。

1. 输入部分

① P、N：由滤波电容提供直流 300V 电压，为模块内部的 IGBT 开关管供电，其中 P 端外接滤波电容正极，内接上桥 3 个 IGBT 开关管的集电极；N 端外接滤波电容负极，内接下桥 3 个 IGBT 开关管的发射极。

② 15V：由开关电源电路提供，为模块内部控制电路供电。

③ 6 路信号：由室外机 CPU 提供，经模块内部控制电路放大后，按顺序驱动 6 个 IGBT 开关管的导通与截止。

2. 输出部分

① U、V、W：即上桥与下桥 IGBT 开关管的中点，输出与频率成正比的模拟三相交流电，驱动压缩机运行。

② FO（保护信号）：当模块内部控制电路检测到过热、过电流、短路、15V 电压低 4 种故障时，输出保护信号至室外机 CPU。

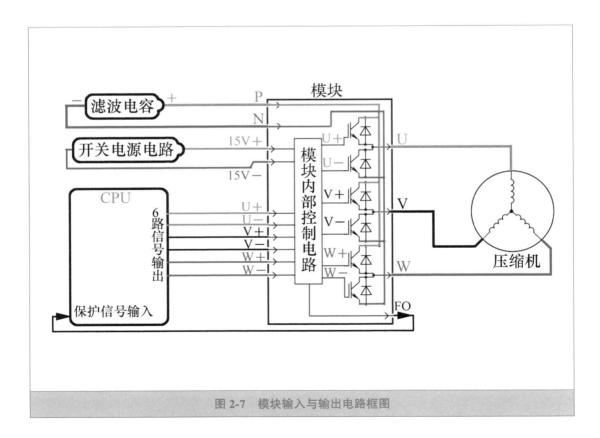

图 2-7 模块输入与输出电路框图

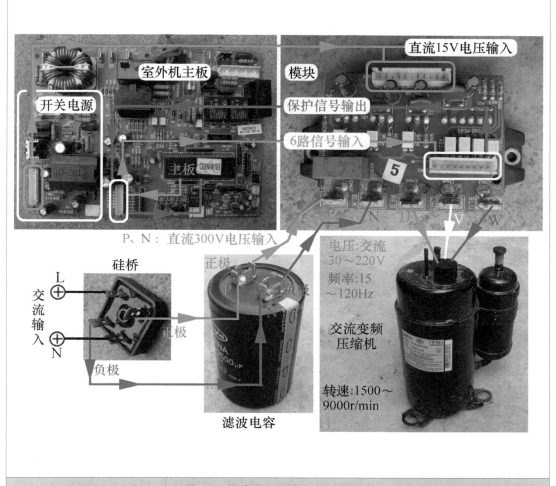

图2-8　模块输入和输出电路实物图

三、　常见模块形式与特点

国产变频空调器从问世到现在大约有20年的时间，在此期间出现了许多改进的机型。模块作为重要部件，也从最初只有模块的功能，到集成CPU控制电路，再到目前常见的模块控制电路一体化，经历了很多技术上的改变。

1. 只具有模块功能的模块

代表产品有海信KFR-4001GW/BP、海信KFR-3501GW/BP等机型，模块实物外形见图2-9，此类模块多见于早期的交流变频空调器。

使用光耦合器传递6路信号，直流15V电压由室外机主板提供（分为单路15V供电和4路15V供电两种）。

模块常见型号为三菱PM20CTM060，可以称其为第二代模块，最大负载电流20A，最高工作电压600V，带有铝制散热片，目前已经停产。

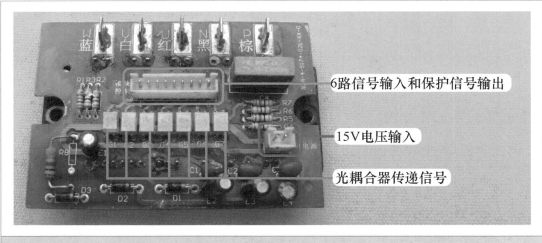

图 2-9　只有模块功能的模块

2. 带开关电源电路的模块

代表产品有海信 KFR-2601GW/BP、美的 KFR-26GW/BPY-R 等机型，模块实物外形见图 2-10，此类模块多见于早期的交流变频空调器，在只有模块功能的模块板基础上改进而来。

模块板增加开关电源电路，二次绕组输出 4 路直流 15V 和 1 路直流 12V 两种电压，直流 15V 电压直接供给模块内部的控制电路，直流 12V 电压输出至室外机主板 7805 稳压块的①脚输入端，为室外机主板提供 5V 电压，室外机主板则不再设计开关电源电路。

模块常见型号同样为三菱 PM20CTM060，由于此类模块已停产，而市场上还存在大量使用此类模块的变频空调器，为供应配件，目前有改进的模块作为配件出现，使用东芝或三洋的模块，东芝型号为 IPMPIG20J503L。

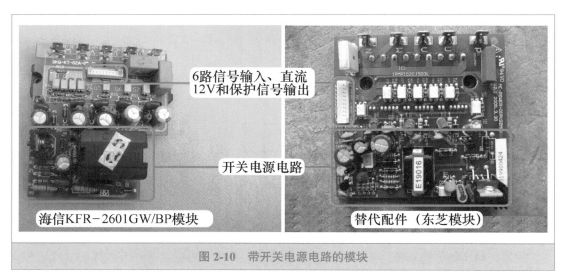

图 2-10　带开关电源电路的模块

3. 集成 CPU 控制电路的模块

代表产品有海信 KFR-26GW/18BP 等机型，模块实物外形见图 2-11，此类模块多见于目前生产的交流变频空调器或直流变频空调器。

模块板集成 CPU 控制电路，室外机电控系统的弱电信号控制电路均在模块板上处理运行。室外机主板只是提供模块板所必需的直流 15V（模块内部控制电路供电）、5V（室外机 CPU 和弱电信号电路供电）电压，以及传递通信信号、驱动继电器等功能。

模块生产厂家有三菱、三洋、仙童（也译作飞兆）等，可以称其为第三代模块。与使用三菱 PM20CTM060 系列模块相比，有着本质的区别。首先是 6 路信号为直接驱动，中间不再需要光耦合器，这也为集成 CPU 提供了必要的条件；其次是成本较低，通常为非铝制散热片；再次是模块内部控制电路使用单电源直流 15V 供电；最后是内部可以集成电流检测元器件，与外围元器件电路即可组成电流检测电路。

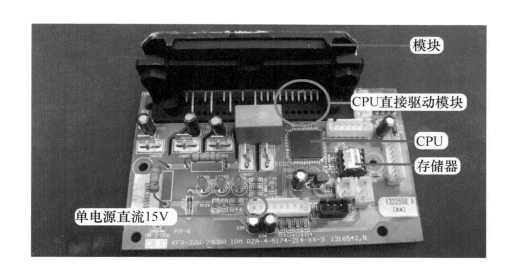

图 2-11　集成 CPU 控制功能的模块

4. 控制电路一体化的模块

代表产品有格力 KFR-35GW/（32556）FNDe-3、三菱重工 KFR-35GW/AIBP 等机型，模块实物外形见图 2-12，此类模块多见于目前生产的交流变频空调器、直流变频空调器与全直流变频空调器，也是目前比较常见的一种类型，在集成 CPU 控制电路模块的基础上改进而来。

模块、室外机 CPU 控制电路、弱电信号处理电路、开关电源电路、滤波电容、硅桥、通信电路、PFC 电路、继电器驱动电路等，也就是说室外机电控系统所有电路均集成在一块电路板上，只需要配上传感器、滤波电感等少量外围元器件即可以组成室外机电控系统。

模块生产厂家有三菱、三洋、仙童等，可以称其为第四代模块，是目前最常见的控制类型，由于所有电路均集成在一块电路板上，因此在出现故障后维修时也是最简单的一类空调器。

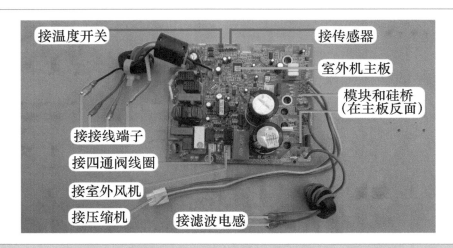

图 2-12　控制电路和模块一体化的模块

四、　硬件电路区别

在实际应用中，同一个型号的模块既能驱动交流变频空调器的压缩机，也能驱动直流变频空调器的压缩机，所不同的是由模块组成的控制电路板不同。驱动交流变频压缩机的模块板通过改动程序（即修改 CPU 或存储器的内部数据），即可以驱动直流变频压缩机。模块板硬件方面有以下几种区别。

1. 模块板增加位置检测电路

如仙童 FSBB15CH60 模块，在海信 KFR-28GW/39MBP 交流变频空调器中，见图 2-13，驱动交流变频压缩机；而在海信 KFR-33GW/25MZBP 直流变频空调器中，见图 2-14，基板上增加位置检测电路，驱动直流变频压缩机。

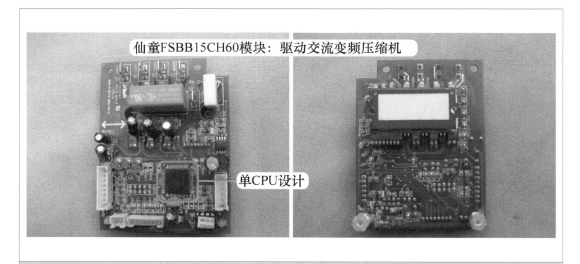

图 2-13　海信 KFR-28GW/39MBP 模块正面和反面

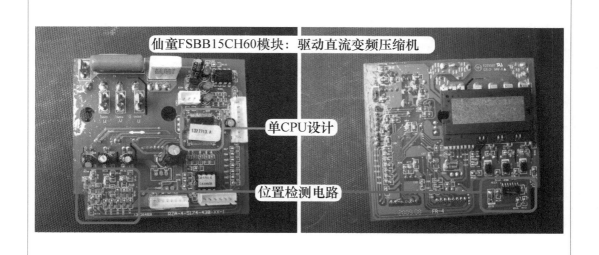

图 2-14　海信 KFR-33GW/25MZBP 模块板正面和反面

2. 模块板双 CPU 控制电路

如三洋 STK621-031（041）模块，在海信 KFR-26GW/18BP 交流变频空调器中，见图 2-15，驱动交流变频压缩机；而在海信 KFR-32GW/27ZBP 中，见图 2-16，模块板使用双 CPU 设计，其中一个 CPU 的作用是与室内机通信，采集温度信号，并驱动继电器等，另外一个 CPU 专门控制模块，驱动直流变频压缩机。

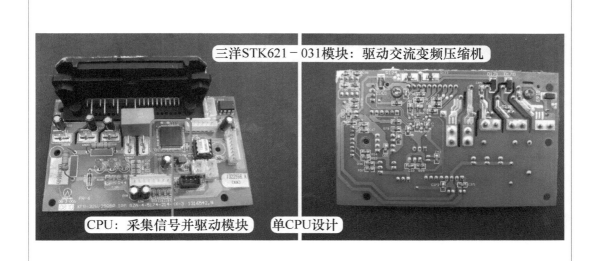

图 2-15　海信 KFR-26GW/18BP 模块板正面和反面

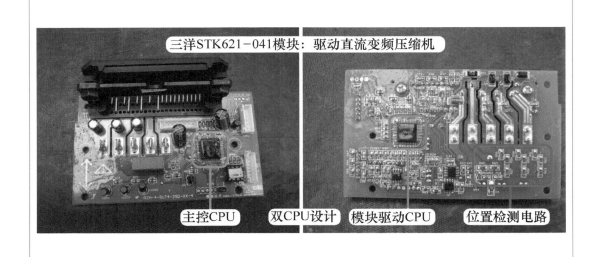

图 2-16　海信 KFR-32GW/27ZBP 模块板正面和反面

3. 双主板双 CPU 设计电路

目前常用的一种设计形式是设有室外机主板和模块板，见图 2-17 和图 2-18，每块电路板上面均设计有 CPU，室外机主板为主控 CPU，作用是采集温度信号和驱动继电器等，模块板为模块驱动 CPU，专门用于驱动变频模块和 PFC 模块。

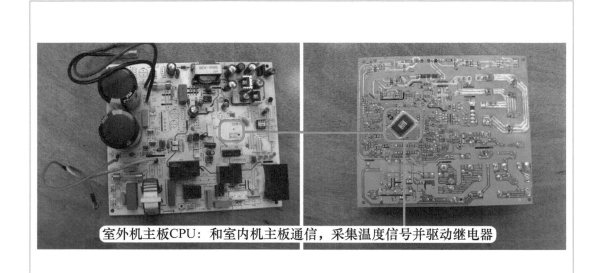

图 2-17　海信 KFR-26GW/08FZBPC(a) 室外机主板

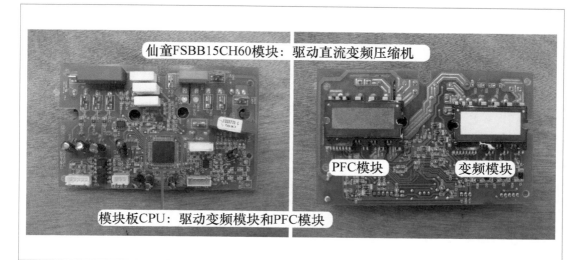

图 2-18　海信 KFR-26GW/08FZBPC(a) 模块板

五、 　模块测量方法

　　无论任何类型的模块使用万用表测量时，内部控制电路工作是否正常均不能判断，只能对内部 6 个开关管做简单的检测。

　　从图 2-3 所示的模块内部 IGBT 开关管方框简图可知，万用表显示值实际为 IGBT 开关管并联 6 个续流二极管的测量结果，因此应选择二极管档，且 P、N、U、V、W 端子之间应符合二极管的特性。

　　各个空调器的模块测量方法基本相同，本小节以测量海信 KFR-26GW/11BP 交流变频空调器使用的模块为例（实物外形见图 2-19），介绍模块测量方法。

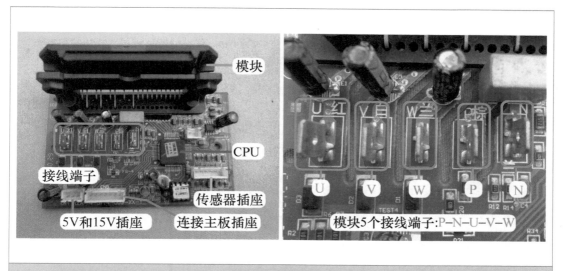

图 2-19　模块接线端子

1. 测量 P、N 端子

相当于 D1 和 D2（或 D3 和 D4、D5 和 D6）串联。

红表笔接 P，黑表笔接 N，为反向测量，见图 2-20 左图，结果为无穷大。

红表笔接 N，黑表笔接 P，为正向测量，见图 2-20 右图，结果为 817mV。

如果正反向测量结果均为无穷大，为模块 P、N 端子开路；如果正反向测量结果均接近 0 mV，为模块 P、N 端子短路。

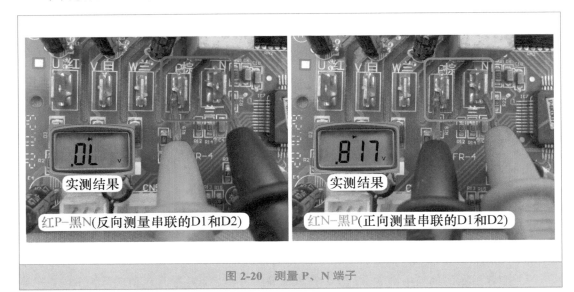

图 2-20　测量 P、N 端子

2. 测量 P 与 U、V、W 端子

相当于测量 D1、D3、D5。

红表笔接 P，黑表笔接 U、V、W，为反向测量，测量结果见图 2-21，3 次结果相同，应均为无穷大。

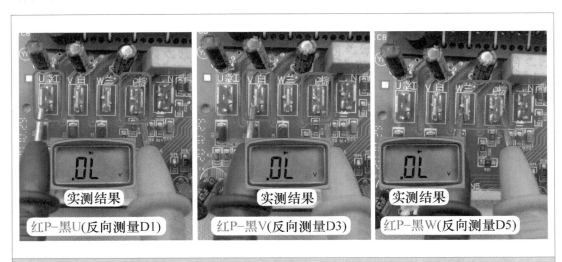

图 2-21　反向测量 P 与 U、V、W 端子

红表笔接 U、V、W，黑表笔接 P，为正向测量，测量过程见图 2-22，3 次结果相同，应均为 450mV。

如果反向测量或正向测量时 P 与 U、V、W 端结果接近 0mV，则说明模块 PU、PV、PW 结击穿。实际损坏时有可能是 PU、PV 结正常，只有 PW 结击穿。

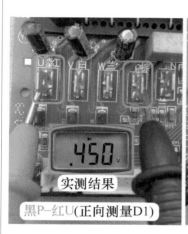

图 2-22　正向测量 P 与 U、V、W 端子

3. 测量 N 与 U、V、W 端子

相当于测量 D2、D4、D6。

红表笔接 N，黑表笔接 U、V、W，为正向测量，测量结果见图 2-23，3 次结果相同，应均为 451mV。

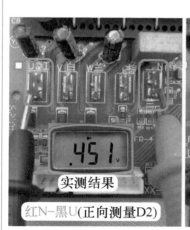

图 2-23　正向测量 N 与 U、V、W 端子

红表笔接 U、V、W，黑表笔接 N，为反向测量，测量结果见图 2-24，3 次结果相同，应均为无穷大。

如果反向测量或正向测量时，N 与 U、V、W 端结果接近 0mV，则说明模块 NU、NV、NW 结击穿。实际损坏时有可能是 NU、NW 结正常，只有 NV 结击穿。

图 2-24 反向测量 N 与 U、V、W 端子

4. 测量 U、V、W 端子

测量结果见图 2-25，由于模块内部无任何连接，U、V、W 端子之间无论正反向测量，结果相同应均为无穷大。

如果结果接近 0mV，则说明 UV、UW、VW 结击穿。实际维修时，U、V、W 之间击穿损坏的情况较少。

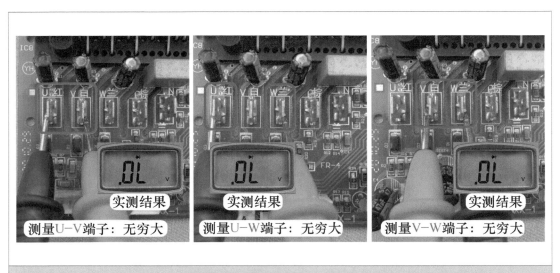

图 2-25 测量 U、V、W 端子

5. 测量说明

① 测量时应将模块上的 P、N 端子滤波电容供电，U、V、W 压缩机线圈共 5 个端子的引线全部拔下。如测量目前室外机电控系统中模块一体化的主板，见图 2-26，通常未设单独的 P、N、U、V、W，则测量模块时需要断开空调器电源，并将滤波电容放电至直流 0V，其正极相当于 P 端，负极相当于 N 端，再拔下压缩机线圈的对接插头，3 根引线即为 U、V、W 端。

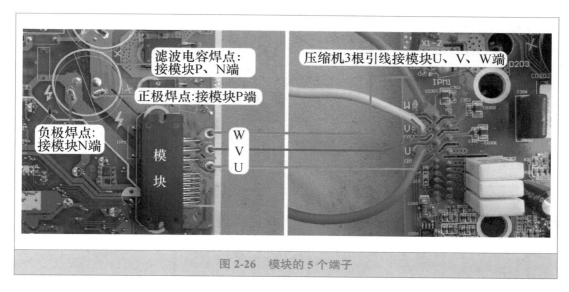

图 2-26　模块的 5 个端子

② 上述测量方法使用数字式万用表。如果使用指针式万用表，选择 R×1k 档，测量时红、黑表笔所接端子与上述方法相反，得出的规律才会一致。

③ 不同的模块、不同的万用表正向测量时得出结果数值会不相同，但一定要符合内部 6 个续流二极管连接特点所组成的规律。同一模块同一万用表正向测量 P 端与 U、V、W 端或 N 端与 U、V、W 端时，结果数值应相同。

④ P、N 端子正向测量得出的结果数值应大于 P 端与 U、V、W 端或 N 端与 U、V、W 端得出的数值。

⑤ 测量模块时不要死记得出的数值，要掌握规律。

⑥ 模块常见故障为 PN、PU（或 PV、PW）、NU（或 NV、NW）端子击穿，其中 PN 端子击穿的比例最高。

⑦ 纯粹的模块为一体化封装，如内部 IGBT 开关管损坏，只能更换整个模块板组件。

⑧ 模块与控制基板（电路板）焊接在一起，如模块内部损坏，或电路板上某个元器件损坏但检查不出来，也只能更换整个模块板组件。

第二节　变频压缩机

变频压缩机是变频空调器电控系统中最重要的元器件之一，也属于电控系统主要元器件之一，由于知识点较多，因此单设一节进行详细说明。

一、 基础知识

1. 安装位置

见图 2-27，压缩机安装在室外机内右侧部分，也是室外机重量最重的器件，其管道（吸气管和排气管）连接制冷系统，接线端子上的引线（U、V、W）连接电控系统中的模块。

图 2-27　安装位置和系统引线

2. 实物外形

压缩机实物外形见图 2-28，其为制冷系统的心脏，通过运行使制冷剂在制冷系统保持流动和循环。

压缩机由三相感应电机和压缩系统两个部分组成，模块输出频率与电压均可调的模拟三相交流电为三相感应电机供电，电机带动压缩系统工作。

模块输出电压变化时电机转速也随之变化，转速变化范围为 1500 ~ 9000r/min，压缩系统的输出功率（即制冷量）也发生变化，从而达到在运行时调节制冷量的目的。

图 2-28　实物外形

3. 分类

根据工作方式主要分为交流变频压缩机和直流变频压缩机。

交流变频压缩机：见图 2-29 左图，使用在早期的变频空调器中，使用三相感应电机。示例为西安庆安公司生产的交流变频压缩机铭牌，其为三相交流供电，工作电压为交流 60 ~ 173V，频率为 30 ~ 120Hz，使用 R22 制冷剂。

直流变频压缩机：见图 2-29 右图，使用在目前的变频空调器中，使用无刷直流电机，工作电压为连续但极性不断改变的直流电。示例为三菱直流变频压缩机铭牌，其为直流供电，工作电压为 27 ~ 190V，频率为 30 ~ 390Hz，功率为 1245W，制冷量为 4100W，使用 R410A 制冷剂。

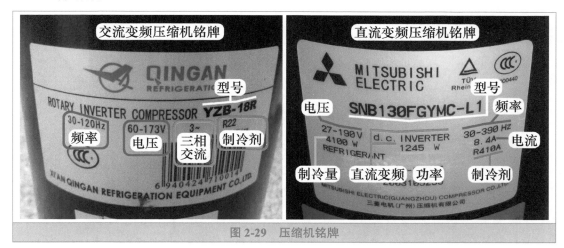

图 2-29 压缩机铭牌

4. 工作原理

压缩机运行原理见图 2-30，当需要控制压缩机运行时，模块输出三相平衡的交流电，经顶部的接线端子送至电机线圈的 3 个端子，定子产生旋转磁场，转子产生感应电动势和感应电流，与定子相互作用，转子转动起来，转子转动时带动主轴旋转，主轴带动压缩组件工作，吸气口开始吸气，经压缩成高温高压的气体后由排气口排出，系统的制冷剂循环工作，空调器开始制冷或制热。

图 2-30 压缩机运行原理

5. 常见故障

实际维修中变频空调器压缩机和定频空调器压缩机相比，故障率较低，原因为室外机电控系统保护电路比较完善，故障主要是压缩机起动不起来（卡缸）或线圈对地短路等。

交流变频空调器在更换模块或压缩机时，如果 U、V、W 接线端子由于不注意插反导致不对应，压缩机则会反方向运行，引起不制冷故障，调整方法和定频空调器三相涡旋压缩机相同，即对调任意两根引线的接线位置。

二、 **剖解变频压缩机**

本小节以上海日立 SGZ20EG2UY 交流变频压缩机为例，介绍其内部结构和工作原理等。

1. 组成

从外观上看，见图 2-31 左图，压缩机由外置储液瓶和本体组成。

见图 2-31 右图，压缩机本体由壳体（上盖、外壳、下盖）、压缩组件、电机共 3 大部分组成。

图 2-31　内部结构

取下外置储液瓶后，见图 2-32 左图，吸气管和位于下部的压缩组件直接相连，排气管位于顶部；电机组件位于上部，其引线和顶部的接线端子直接相连。

压缩机本体由压缩组件和电机组件组成，见图 2-32 右图。

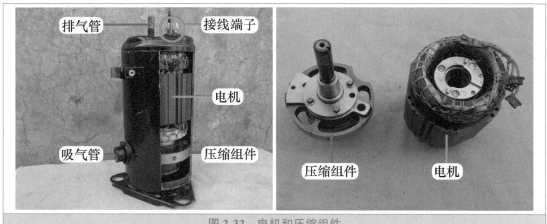

图 2-32　电机和压缩组件

2. 上盖和下盖

见图 2-33 左图和中图，压缩机上盖从外侧看，设有排气管和接线端子，从内侧看排气管只是 1 个管口，说明压缩机大部分区域均为高压高温状态；内设的接线端子设有插片，以便连接电机线圈的 3 个端子。

下盖外侧设有 3 个较大的孔，见图 2-33 右图，用于安装减振胶垫，以便固定压缩机；内侧中间部位设有磁铁，以吸附磨损的金属铁屑，防止被压缩组件吸入或粘附在转子周围，因磨损而损坏压缩机。

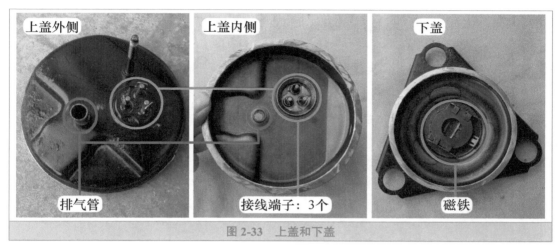

图 2-33　上盖和下盖

3. 储液瓶

储液瓶是为了防止液体的制冷剂进入压缩机的保护部件，见图 2-34 左图，主要由过滤网和虹吸管组成。过滤网的作用是为了防止杂质进入压缩机，虹吸管底部设有回油孔，可使进入制冷系统的润滑油顺利地再次回流到压缩机内部。

储液瓶工作示意图见图 2-34 右图，储液瓶顶部的吸气管连接蒸发器，如果制冷剂没有完全汽化，即含有液态的制冷剂进入储液瓶后，因液态制冷剂本身比气态制冷剂重，将直接落入储液瓶底部，气态制冷剂则经虹吸管进入压缩机内部，从而防止压缩组件吸入液态制冷剂而造成液击损坏。

图 2-34　储液瓶

三、 电机部分

1. 组成

见图 2-35，电机部分由转子和定子两个部分组成。

转子由铁心和平衡块组成。转子的上部和下部均安装有平衡块，以减少压缩机运行时的振动；中间部位为铁心和笼型绕组，转子铁心由硅钢片叠压而成，其长度和定子铁心相同，安装时定子铁心和转子铁心相对应；转子中间部分的圆孔安装主轴，以带动压缩组件工作。

定子由定子铁心和线圈组成，线圈镶嵌在定子槽内。在模块输出三相供电时，经连接线至线圈的 3 个接线端子，线圈中通过三相对称的电流，在定子内部产生旋转磁场，此时转子铁心与旋转磁场之间存在相对运动，切割磁力线而产生感应电动势，转子中有电流通过，转子电流和定子磁场相互作用，使转子中形成电磁力，转子便旋转起来，通过主轴从而带动压缩部分组件工作。

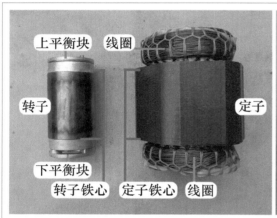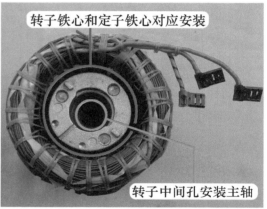

图 2-35　转子和定子

2. 引线

见图 2-36，电机的线圈引出 3 根引线，连接至上盖内侧的 3 个接线端子上。

图 2-36　电机连接线

因此上盖外侧也只有 3 个接线端子，标号为 U、V、W，连接至模块的引线也只有 3 根，引线连接压缩机端子的标号和模块标号应相同，见图 2-37，本机 U 端子引线为红线，V 端子引线为白线，W 端子引线为蓝线。

➡ 说明：无论是交流变频压缩机还是直流变频压缩机，均有 3 个接线端子，标号分别为 U、V、W，和模块上的 U、V、W 3 个接线端子对应连接。

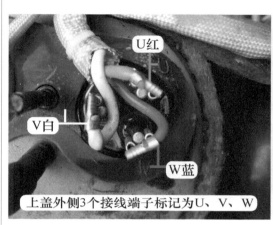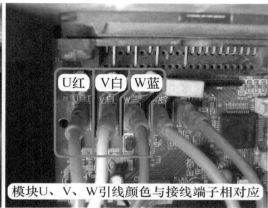

图 2-37　变频压缩机引线

3. 测量线圈阻值

使用万用表电阻档，测量 3 个接线端子中每两个端子之间的阻值，见图 2-38，U 和 V、U 和 W、V 和 W 间的阻值应大体相等，实测阻值为 1.5Ω 左右。

图 2-38　测量线圈阻值

四、 压缩部分

1. 组成

取下储液瓶、定子和上盖后，见图 2-39 左图，转子位于上方，压缩组件位于下方，同时吸气管也位于下方和压缩组件相对应。

见图 2-39 中图和右图，压缩组件的主轴直接安装在转子内，也就是说，转子转动时直接带动主轴（偏心轴）旋转，从而带动压缩组件工作。

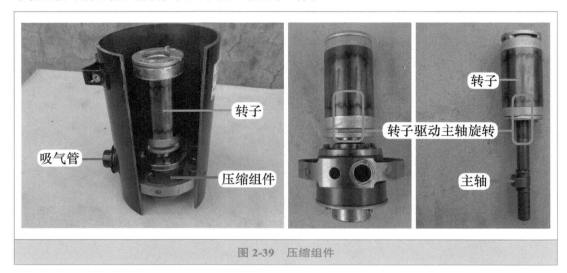

图 2-39　压缩组件

图 2-40 左图为压缩组件实物外形，图 2-40 右图为主要部件，由主轴、上气缸盖、气缸、下气缸盖、滚动活塞（滚套）、刮片、弹簧、平衡块、下盖、螺钉等组成。

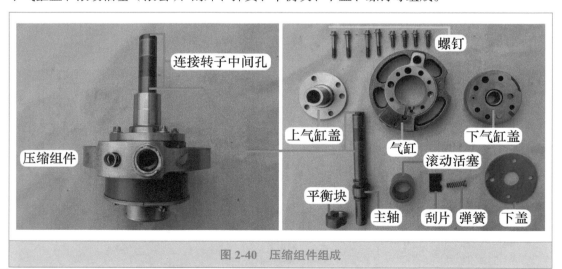

图 2-40　压缩组件组成

2. 主要部件实物外形

（1）主轴和滚动活塞

主轴其实就是一根较粗的长轴，见图 2-41 左图，上部连接电机的转子，下部连接压缩组件（大部分位于气缸内），在连接气缸的中间部位设计有偏心轴，用于驱动滚动活塞。为了消除偏心轴在运行时引起的振动，在主轴的下部设计有平衡块。

滚动活塞（滚套）见图 2-41 右图，内侧对应主轴上的偏心轴，偏心轴推动滚动活塞外侧沿气缸内壁转动，以压缩制冷剂气体。

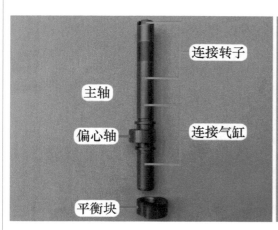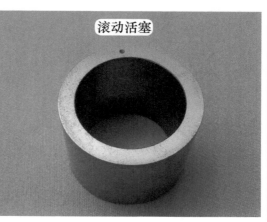

图 2-41   主轴和滚动活塞

（2）气缸和刮片弹簧

气缸见图 2-42 左图，设有吸气口并直接连接至气缸内部，在相应位置设有弹簧和刮片的安装位置。

刮片和弹簧见图 2-42 右图，刮片紧贴滚动活塞外壁，产生密封线，隔离气缸内低压腔和高压腔的气体，使之不能向另一侧流动，否则会造成窜气故障。弹簧的作用是顶住刮片，使其紧紧贴在滚动活塞上面，以避免高压腔向低压腔漏气。

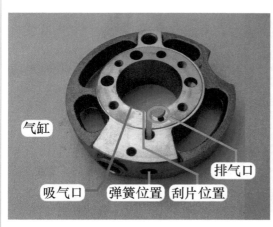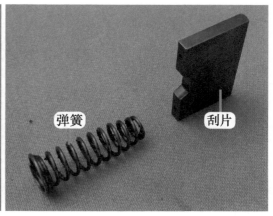

图 2-42   气缸和刮片弹簧

（3）上气缸盖和下气缸盖

上、下气缸盖见图 2-43，作用是气缸的上方和下方的密封盖，上气缸盖设计有上轴承，下气缸盖设计有下轴承，同时排气阀片也设计在下气缸盖上面。

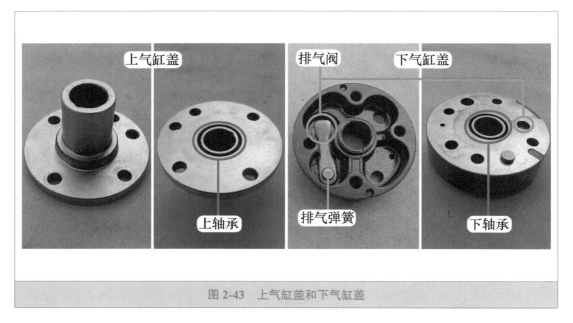

图 2-43　上气缸盖和下气缸盖

3．工作原理

旋转式压缩机压缩部分工作原理见图 2-44 和图 2-45，根据滚动活塞处于不同位置，气缸内形成高压腔和低压腔的过程。

① 低压腔容积最大，吸气口吸入制冷剂气体。

② 滚动活塞开始压缩气缸内的制冷剂气体，同时吸气口继续吸气。

图 2-44　吸气和压缩

③ 低压腔与高压腔的容积相等，同时低压腔继续吸气，高压腔进一步压缩，使气体的压力增大，直到排气阀开启，通过排气口排出高压气体。

④ 低压腔继续吸气，高压腔排气结束。

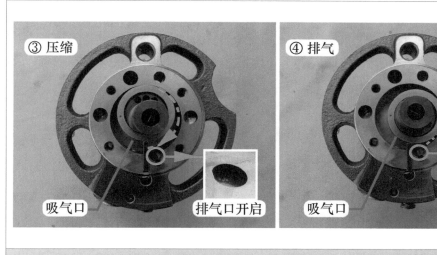

图 2-45　压缩和排气

第三章

变频空调器单元电路对比和通信电路

Chapter **3**

第一节　单元电路对比

本节中早期机型选用海信 KFR-26GW/11BP 交流变频空调器，目前机型选用格力 KFR-32GW/（32556）FNDe-3 直流变频空调器，对比介绍室内机和室外机主板的单元电路。

一、　室内机主板单元电路对比

1. 电源电路

电源电路的作用是为室内机主板提供直流 12V 和 5V 电压。常见有两种形式，即使用变压器降压和使用开关电源电路。

交流变频空调器或直流变频空调器室内风机使用 PG 电机（供电为交流 220V），见图 3-1 右图，普遍使用变压器降压形式的电源电路，也是目前最常见的设计形式。

见图 3-1 左图，只有少数部分机型使用开关电源电路。

➡ 说明：全直流变频空调器室内风机为直流电机（供电为直流 300V），普遍使用开关电源电路。

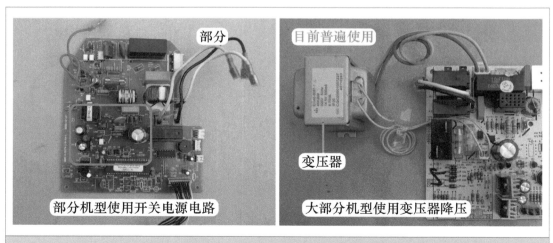

图 3-1　电源电路

2. CPU 三要素电路

CPU 三要素电路是 CPU 正常工作的必备电路，包含直流 5V 供电电路、复位电路、晶振电路。

无论是早期还是目前的室内机主板，见图 3-2，三要素电路工作原理完全相同，即使不同也只限于使用元器件的型号。

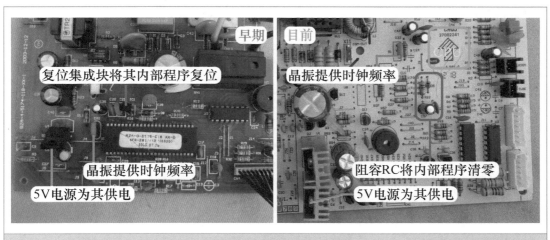

图 3-2 室内机 CPU 三要素电路

3. 传感器电路

传感器电路的作用是为 CPU 提供温度信号，室内环温传感器检测房间温度，室内管温传感器检测蒸发器温度。

早期和目前的室内机主板传感器电路相同，见图 3-3，均由环温传感器和管温传感器组成。

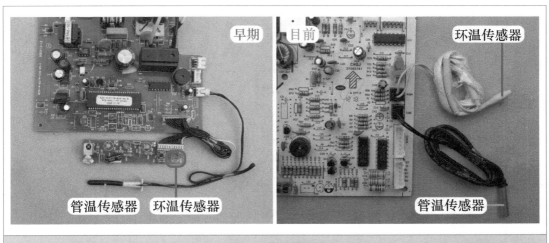

图 3-3 传感器电路

4. 接收器电路、应急开关电路

接收器电路将遥控器发射的信号传送至 CPU，应急开关电路在无遥控器时可以操作空调器的运行。

早期和目前的室内机主板电路基本相同，见图 3-4，即使不同，也只限于应急开关的设计位置或型号。

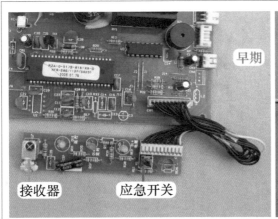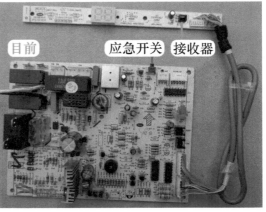

图 3-4　接收器和应急开关电路

5. 过零检测电路

过零检测电路的作用是为 CPU 提供过零信号，以便 CPU 驱动光耦合器晶闸管。

使用开关电源电路供电的主板，见图 3-5 左图，检测器件为光耦合器，取样电压为交流 220V 输入电源。

使用变压器供电的主板，见图 3-5 右图，检测器件为 NPN 型晶体管，取样电压为变压器二次绕组整流电路电压。

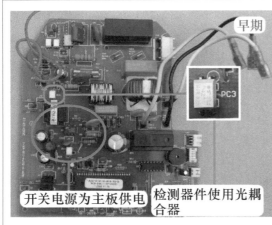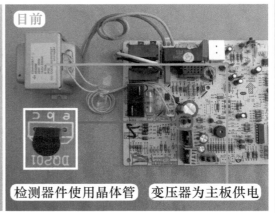

图 3-5　过零检测电路

6. 显示电路

显示电路的作用是显示空调器的运行状态。

见图 3-6 左图，早期多使用单色或双色的发光二极管；见图 3-6 右图，目前多使用双色的发光二极管，或者使用指示灯 + 数码管组合的方式。

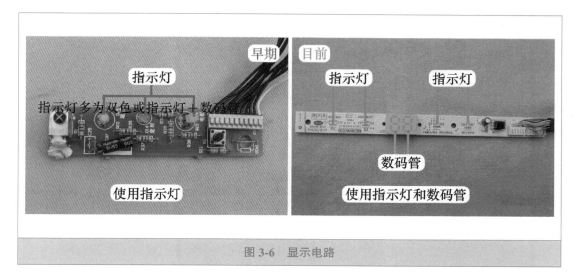

图 3-6　显示电路

7. 蜂鸣器电路、主控继电器电路

蜂鸣器电路提示已接收到遥控器信号或应急开关信号，并且已处理；主控继电器电路为室外机供电。

见图 3-7，早期和目前的主板两者电路相同。说明：有些室内机主板蜂鸣器发出响声为和弦音。

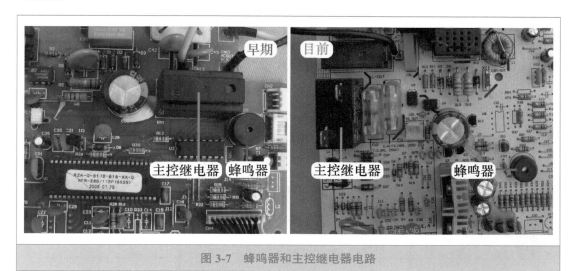

图 3-7　蜂鸣器和主控继电器电路

8. 步进电机电路

步进电机电路作用是带动导风板上下旋转运行。

见图 3-8，早期和目前的步进电机电路相同。说明：有些空调器也使用步进电机驱动左右导风板。

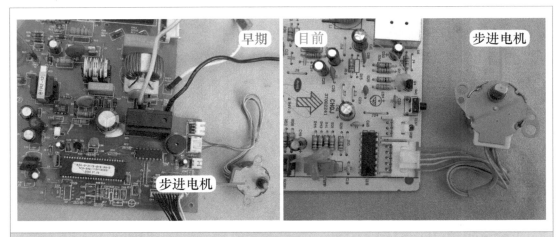

图 3-8　步进电机电路

9. 室内风机（PG 电机）电路、霍尔反馈电路

室内风机电路改变 PG 电机的转速，霍尔反馈电路向 CPU 输入代表 PG 电机实际转速的霍尔信号。

见图 3-9，早期和目前的电路相同。

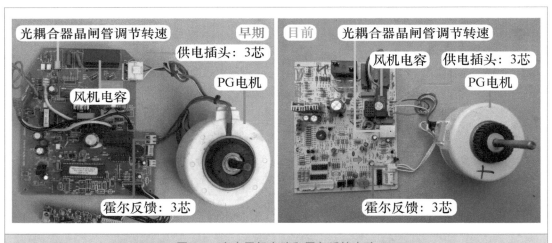

图 3-9　室内风机电路和霍尔反馈电路

二、　室外机主板单元电路对比

1. 直流 300V 电压形成电路

直流 300V 电压形成电路的作用是将输入的交流 220V 电压转换为平滑的直流 300V 电压，为模块和开关电源电路供电。

见图 3-10，早期和目前的电控系统均由 PTC 电阻、主控继电器、硅桥、滤波电感、滤波电容等 5 个主要元器件组成。

　　不同之处在于滤波电容的结构形式，最早期的电控系统通常由 1 个容量较大的电容组成（位于电控系统内的专用位置），目前电控系统通常由 2~4 个容量较小的电容并联组成（焊接在室外机主板）。

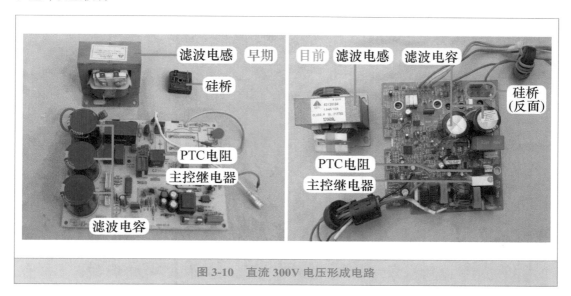

图 3-10　直流 300V 电压形成电路

2. PFC 电路

　　PFC（功率因数校正）电路的作用是提高功率因数，减少电网干扰和污染。

　　早期空调器通常使用无源 PFC 电路，见图 3-11 左图，在整流电路中增加滤波电感，通过 LC（滤波电感和电容）来提高功率因数。

　　目前空调器通常使用有源 PFC 电路，见图 3-11 右图，在无源 PFC 基础上主要增加了 IGBT、快恢复二极管等元器件，通过室外机 CPU 计算和处理，驱动 IGBT 来提高功率因数和直流 300V 电压值。

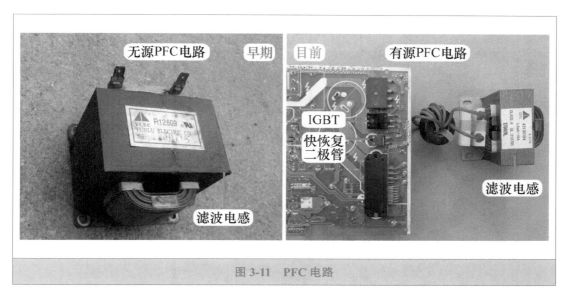

图 3-11　PFC 电路

3. 开关电源电路

变频空调器的室外机电源电路全部使用开关电源电路，为室外机主板提供直流 12V 和 5V 电压，为模块内部控制电路提供直流 15V 电压。

最早期的主板通常由分立元件组成，以开关管和开关变压器为核心，输出的直流 15V 电压通常为 4 路。

早期和目前的主板通常使用集成电路的形式，见图 3-12，以集成电路和开关变压器为核心，直流 15V 电压通常为单路输出。

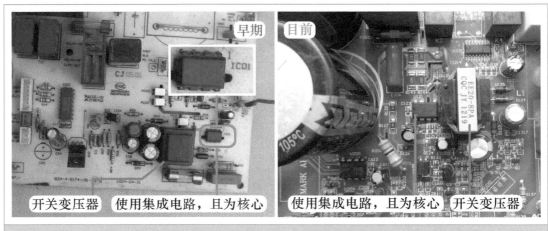

图 3-12　开关电源电路

4. CPU 三要素电路

CPU 三要素电路是 CPU 正常工作的必备电路，具体内容参见室内机 CPU。

早期和目前大多数空调器主板的 CPU 三要素电路原理相同，见图 3-13 左图，供电为直流 5V，设有外置晶振和复位电路。

格力变频空调器室外机主板 CPU 使用 DSP 芯片，见图 3-13 右图，供电为直流 3.3V，无外置晶振。

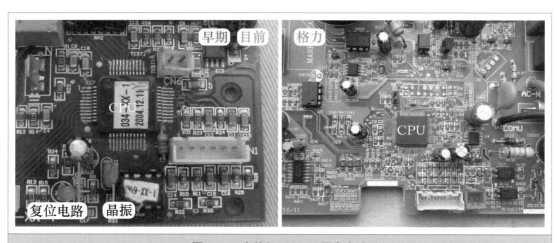

图 3-13　室外机 CPU 三要素电路

5. 存储器电路

存储器电路的作用是存储相关参数和数据，供 CPU 运行时调取使用。

见图 3-14 左图，早期主板的存储器型号多使用 93C46；见图 3-14 右图，目前主板多使用 24C×× 系列（如 24C01、24C02、24C04 等）。

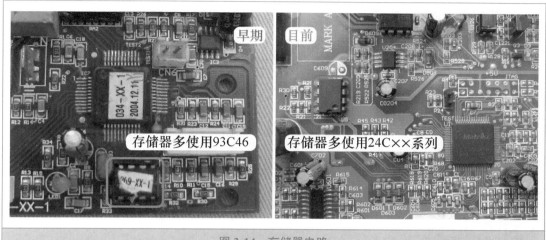

图 3-14　存储器电路

6. 传感器电路、压缩机顶盖温度开关电路

传感器和压缩机顶盖温度开关电路的作用是为 CPU 提供温度信号，室外环温传感器检测室外环境温度，室外管温传感器检测冷凝器温度，压缩机排气传感器检测压缩机排气管温度，压缩机顶盖温度开关检测压缩机顶部温度是否过高。

见图 3-15，早期和目前的电路相同。

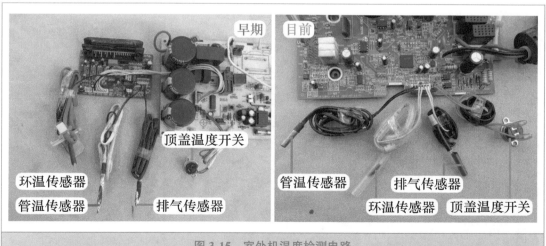

图 3-15　室外机温度检测电路

7. 电压检测电路

电压检测电路的作用是向 CPU 提供输入市电电压的参考信号。

最早期的主板多使用电压检测变压器，向 CPU 提供随市电变化的电压，CPU 内部电路根据软件计算出相应的市电电压值。

见图 3-16，早期和目前主板的 CPU 通过电阻检测直流 300V 电压，由软件计算出相应的交流市电电压值，起到间接检测市电电压的目的。

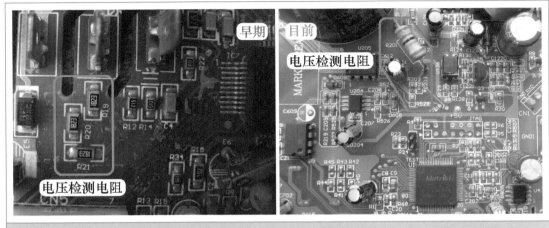

图 3-16 电压检测电路

8. 电流检测电路

电流检测电路的作用是提供室外机运行的电流信号或压缩机运行的电流信号，由 CPU 通过软件计算出实际的运行电流值，以便更好地控制压缩机。

最早期的主板通常使用电流检测变压器，向 CPU 提供室外机运行的电流参考信号。

见图 3-17 左图和中图，早期和目前的主板由模块其中的 1 个引脚，或模块电流取样电阻，输出代表压缩机运行的电流参考信号，由外部电路将电流信号放大后提供给 CPU，通过软件计算出压缩机实际运行电流值。

➡ 说明：早期和目前的主板还有另外一种常见形式，见图 3-17 右图，就是使用穿线式电流互感器。

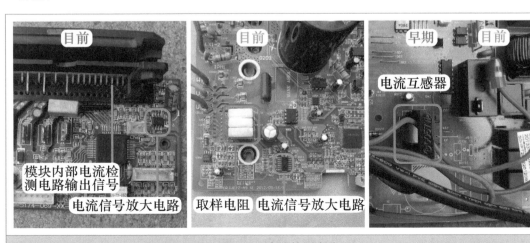

图 3-17 电流检测电路

9. 模块保护电路

模块保护信号由模块输出，送至室外机 CPU。

最早期的主板模块输出的保护信号经光耦合器耦合送至室外机 CPU；见图 3-18，早期和目前的主板模块输出的保护信号直接送至室外机 CPU。

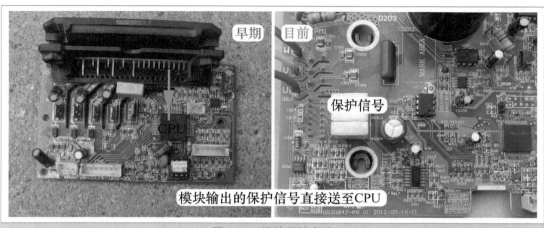

图 3-18　模块保护电路

10. 主控继电器电路、四通阀线圈电路

主控继电器电路控制主控继电器触点的闭合与断开，四通阀线圈电路控制四通阀线圈的供电与失电。

见图 3-19，早期和目前的主板电路相同。

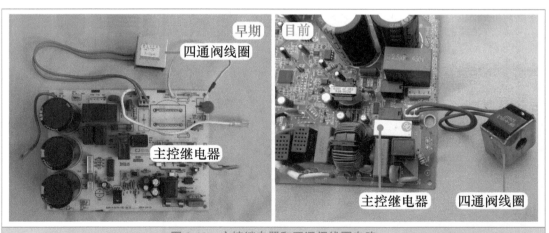

图 3-19　主控继电器和四通阀线圈电路

11. 室外风机电路

室外风机电路的作用是控制室外风机运行。

最早期的部分空调器室外风机一般为 2 档风速或 3 档风速，室外机主板有 2 个或 3 个继电器；早期和目前空调器室外风机转速一般只有 1 个档位，见图 3-20，室外机主板只设有 1 个继电器。

➡ 说明：早期和目前空调器部分品牌的机型，也有使用 2 档或 3 档风速的室外风机；如果为全直流变频空调器，室外风机供电为直流 300V，不再使用继电器。

图 3-20　室外风机电路

12. 6 路信号电路

6 路信号由室外机 CPU 输出，通过控制模块内部 6 个 IGBT 的导通与截止，将直流 300V 电压转换为频率与电压均可调的模拟三相交流电，驱动压缩机运行。

最早期的主板 CPU 输出的 6 路信号不能直接驱动模块，需要使用光耦合器传递，因此模块与室外机 CPU 通常设计在两块电路板上，中间通过连接线连接。

见图 3-21，早期和目前主板的 CPU 输出的 6 路信号可以直接驱动模块，通常将室外机 CPU 和模块设计在一块电路板上，不再使用连接线和光耦合器。

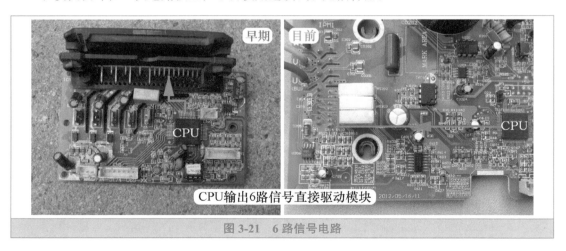

图 3-21　6 路信号电路

第二节　通 信 电 路

通信电路由室内机和室外机主板两个部分单元电路组成，并且在实际维修中该电路的故障率比较高，因此单设一节进行详细说明。

一、　电路数据和专用电源形式

1. 通信电路数据结构

室内机（副机）、室外机（主机）之间的通信数据均由 16 个字节组成，每个字节由 1 组 8 位二进制编码构成。室内机和室外机进行通信时，首字节先发送 1 个代表开始识别码的字节，然后依次发送第 1 ~ 16 字节数据信息，最后发送 1 个结束识别码字节，至此完成 1 次通信，每组通信数据见表 3-1。

表 3-1　通信数据结构

命令位置	数据内容	备注
第 1 字节	通信源地址（自己地址）	室内机地址——0、1、2、…、255
第 2 字节	通信目标地址（对方地址）	室外机地址——0、1、2、…、255
第 3 字节	命令参数	高 4 位：要求对方接收参数的命令 低 4 位：向对方传输参数的命令
第 4 字节	参数内容 1	
第 5 字节	参数内容 2	
⋮	⋮	
第 15 字节	参数内容 12	
第 16 字节	校验和	校验和 = [∑（第 1 字节 + 第 2 字节 + 第 3 字节 +……+ 第 13 字节 + 第 14 字节 + 第 15 字节）] + 1

2. 通信电路数据编码规则

（1）命令参数

第 3 字节为命令参数，见图 3-22，由"要求对方接收参数的命令"和"向对方传输参数的命令"两个部分组成，在 8 位编码中，高 4 位是要求对方接收参数的命令，低 4 位是向对方传输参数的命令，高 4 位和低 4 位可以自由组合。

图 3-22　命令参数

（2）参数内容

参数内容见表 3-2，第 4~15 字节分别可表示 12 项参数内容，每 1 个字节主、副机所表示的内容略有差别。

表 3-2　参数内容

命令位置	室内机向室外机发送内容	室外机向室内机发送内容
第 4 字节	当前室内机的机型	当前室外机的机型
第 5 字节	当前室内机的运行模式	当前室外机的实际运行频率
第 6 字节	要求压缩机运行的目标频率	当前室外机保护状态 1
第 7 字节	强制室外机输出端口的状态	当前室外机保护状态 2
第 8 字节	当前室内机保护状态 1	当前室外机冷凝器的温度值
第 9 字节	当前室内机保护状态 2	当前室外机环境温度值

（续）

命令位置	室内机向室外机发送内容	室外机向室内机发送内容
第 10 字节	当前室内机的设定温度	当前压缩机的排气温度值
第 11 字节	当前室内风机转速	当前室外机的运行总电流值
第 12 字节	当前室内机的环境温度值	当前室外机的电压值
第 13 字节	当前室内机的蒸发器温度值	当前室外机的运行模式
第 14 字节	当前室内机的能级系数	当前室外机的状态
第 15 字节	当前室内机的状态	预留

3. 通信规则

图 3-23 为通信电路简图，PC1 为室外机发送光耦合器，PC2 为室外机接收光耦合器，RC1 为室内机发送光耦合器，RC2 为室内机接收光耦合器。

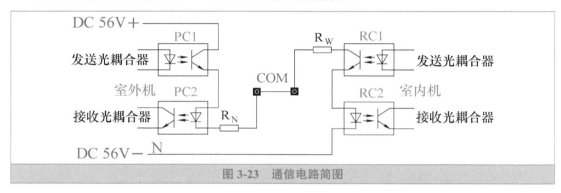

图 3-23　通信电路简图

变频空调器一般采用单通道半双工异步串行通信方式，室内机和室外机之间通过以二进制编码形式组成的数据组进行各种数据信号的传递。半双工的含义为室内机向室外机发送信号时，室外机只能接收，而不能同时也发送信号。同理，当室外机向室内机发送信号的同时，室内机也只能接收信号。

空调器通电后，室内机和室外机主板就会自动进行通信，按照既定的通信规则，用脉冲序列的形式将各自的电路状况发送给对方，收到对方的正常信息后，室内机和室外机电路均处于待机状态。当进行开机操作时，室内机 CPU 把预置的各项工作参数及开机指令送到 RC1 的输入端，通过通信电路进行传输；室外机 PC2 输入端收到开机指令及工作参数内容后，由输出端将序列脉冲信息送给室外机的 CPU，整机开机，按照预定的参数运行。室外机 CPU 在接收到信息 50ms 后输出反馈信息到 PC1 的输入端，通过通信电路传输到室内机的 RC2 输入端，RC2 输出端将室外机传来的各项运行状况参数送至室内机的 CPU，根据收集到的整机运行状况参数确定下一步对整机的控制。

由于室内机和室外机之间相互传递的通信信息，产生于各自的 CPU，其信号幅度 < 5V。而室内机与室外机的距离比较远，如果直接用此信号进行室内机和室外机的信号传输，很难保证信号传输的可靠度。因此在变频空调器中，通信电路一般都采用单独的电源供电，供电电压海信空调器多数使用直流 24V（美的空调器使用 –24V、格力空调器使用 56V、海尔空调器使用 140V），通信电路采用光耦合器传送信号，通信电路电源与室内机和室外机的主板上电源完全分开，形成独立的回路。

4. 专用电源设计形式

通信电路的作用是室内机主板 CPU 和室外机主板 CPU 交换信息，根据常见的通信电路专用电源的设计位置和电压值可以分为 3 种。

（1）直流 24V、设在室内机主板

目前变频空调器中通信电路最常见的设计形式，是通信电路电源为直流 24V，见图 3-24，设计在室内机主板，一般使用 4 引脚光耦合器。

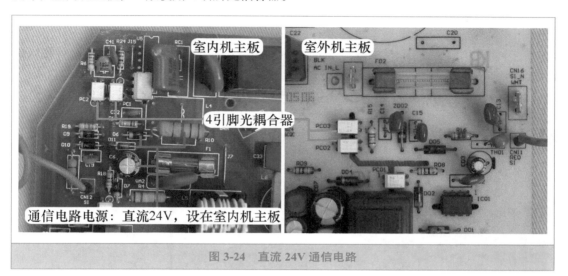

图 3-24　直流 24V 通信电路

（2）直流 56V、设在室外机主板

通常应用在格力品牌的变频空调器中，通信电路电源为直流 56V，见图 3-33，设在室外机主板，一般使用 4 引脚光耦合器。

（3）直流 140V、设在室外机主板

通常见于早期的交流变频空调器或海尔品牌的变频空调器，见图 3-25，通信电路电源为直流 140V，设在室外机主板，并且较多使用 6 引脚光耦合器。

图 3-25　直流 140V 通信电路

二、 海信通信电路工作原理

本小节以海信 KFR-26GW/11BP 交流变频空调器为基础，简单介绍通信电路的组成和工作原理。

1. 电路组成

（1）室内机电路和室外机电路

完整的通信电路由室内机主板 CPU、室内机通信电路、室内外机连接线、室外机主板 CPU、室外机通信电路组成。

见图 3-26，室内机主板 CPU 的作用是产生通信信号，该信号通过通信电路传送至室外机主板 CPU，同时接收由室外机主板 CPU 反馈的通信信号并做处理；室外机主板 CPU 的作用与室内机主板 CPU 相同，也是发送和接收通信信号。

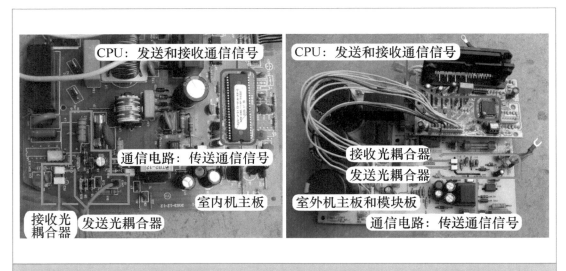

图 3-26　海信 KFR-26GW/11BP 主板通信电路

（2）室内外机连接线

变频空调器室内机和室外机共有 4 根连接线，见图 3-27，作用分别是：1 号 L 为相线，2 号 N 为零线，3 号为地线，4 号 S 为通信线。

L 与 N 之间为交流 220V 电压，由室内机输出为室外机供电，此时 N 为零线；S（本处实例为 SI）与 N 为室内机和室外机的通信电路提供回路，S 为通信信号引线，此时 N 为通信电路专用电源（直流 24V）的负极，因此 N 有双重作用，既为交流 220V 的零线，又为通信电路直流 24V 电压的负极，所以在接线时室内机接线端子上 L 与 N 和室外机接线端子应相同，不能接反，否则通信电路不能构成回路，造成通信故障。

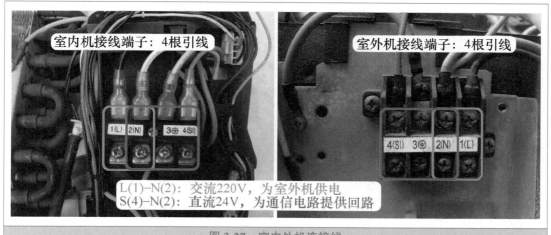

图 3-27　室内外机连接线

2．工作原理

图 3-28 为海信 KFR-26GW/11BP 通信电路原理图。从图中可知，室内机 CPU 的 ㊷ 脚为发送引脚，㊶ 脚为接收引脚，PC1 为发送光耦合器，PC2 为接收光耦合器；室外机 CPU 的 ㉓ 脚为发送引脚，㉒ 脚为接收引脚，PC02 为发送光耦合器，PC03 为接收光耦合器。

（1）直流 24V 电压形成电路

通信电路电源使用专用的直流 24V 电压，见图 3-29，设在室内机主板，电源电压中相线 L 由电阻 R10 降压、D6 整流、C6 滤波、R13 分压，在稳压管 D11（稳压值 24V）两端形成直流 24V 电压，为通信电路供电，N 为直流 24V 电源的负极。

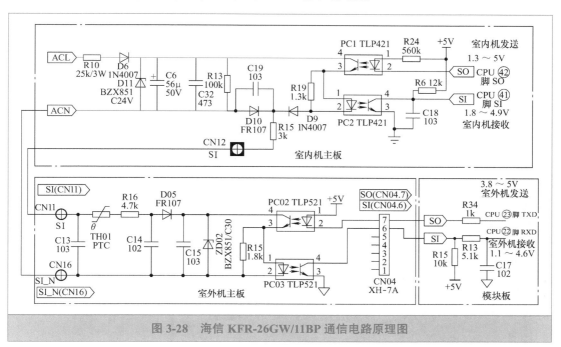

图 3-28　海信 KFR-26GW/11BP 通信电路原理图

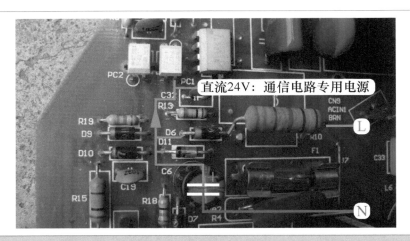

图 3-29　直流 24V 电压形成电路

（2）信号流程

海信 KFR-26GW/11BP 通信电路信号流程和格力 KFR-32GW/（32556）FNDe-3 通信电路信号流程基本相同，为避免重复，可参见格力通信电路信号流程。

三、格力通信电路工作原理

本小节以格力 KFR-32GW/（32556）FNDe-3 直流变频空调器为例，详细介绍通信电路的组成、工作原理、信号流程等。

1. 电路组成

完整的通信电路由室内机主板 CPU、室内机通信电路、室内外机连接线、室外机主板 CPU 和室外机通信电路组成。

（1）室内机主板和室外机主板

通信电路见图 3-30，室内机主板 CPU（位于主板反面）的作用是产生通信信号，该信号通过通信电路传送至室外机主板 CPU，同时接收由室外机主板 CPU 反馈的通信信号并做处理；室外机主板 CPU 的作用与室内机主板 CPU 相同，也是发送和接收通信信号。

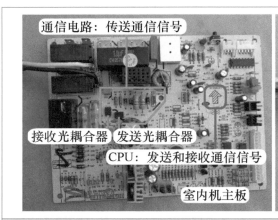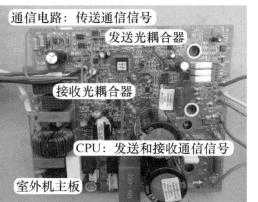

图 3-30　室内机和室外机主板通信电路

（2）室内外机连接线

变频空调器室内机和室外机共有 4 根连接线，见图 3-31，作用分别是：1 号 N（1）蓝色线为零线 N，2 号黑色线为通信线 COM，3 号棕色线为相线 L，地线直接固定在外壳铁皮。

L 端与 N 端接交流 220V 电压，由室内机输出为室外机供电，此时 N 为零线；COM 与 N 为室内机和室外机的通信电路提供回路，COM 为通信线，此时 N 为通信电路专用电源（直流 56V）的负极，因此 N 有双重作用。

在接线时室内机主板 L 端与 N 端和室外机接线端子应相同，不能接反，否则通信电路不能构成回路，造成通信故障。

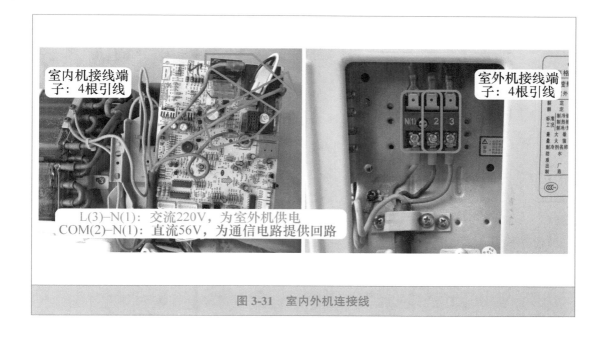

图 3-31　室内外机连接线

2. 直流 56V 电压形成电路

图 3-32 为通信电路原理图。从图中可知，室内机 CPU 的 ㉛ 脚为发送引脚，U4 为发送光耦合器，㉚ 脚为接收引脚，U3 为接收光耦合器；室外机 CPU 的 ㉞ 脚为发送引脚，U132 为发送光耦合器，㊵ 脚为接收引脚，U131 为接收光耦合器。

通信电路电源使用专用的直流 56V 电压，见图 3-33，设在室外机主板。电源电压相线 L 由电阻 R1311 和 R1312 降压，D134 整流，C0520 滤波，R136 分压，在稳压管 ZD134（稳压值 56V）两端形成直流 56V 电压，为通信电路供电，N 为直流 56V 电压的负极。

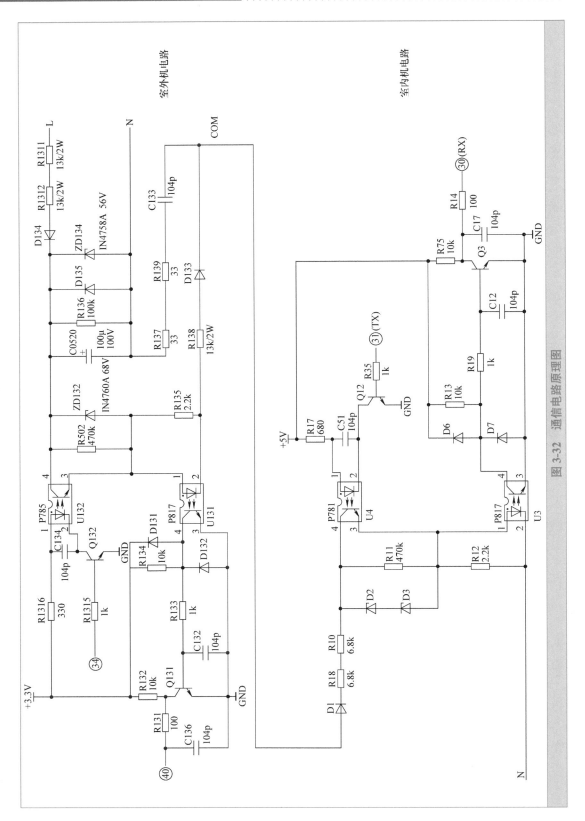

图 3-32 通信电路原理图

图 3-33　直流 56V 电压形成电路

3. 信号流程

室内机和室外机的通信数据由编码组成，室内机和室外机的 CPU 在处理时，均会将数据转换为高电平 1 或低电平 0 的数值并发给对方（例如编码为 101011），再由对方的 CPU 根据编码翻译出室外机或室内机的参数信息（假如翻译结果为室内管温为 10℃，压缩机当前运行频率为 75Hz），共同对整机进行控制。

一旦室外机出现异常状况，在相应的字节中就会出现与故障内容相对应的编码内容，通过通信电路传送至室内机 CPU，室内机 CPU 针对故障内容立即发出相应的控制指令，整机电路就会出现相应的保护动作。同样，当室内机电路检测到异常时，室内机 CPU 也会及时发出相对应的控制指令至室外机 CPU，以采取相应的保护措施。

本机室内机 CPU 为 5V 供电，高电平为直流 5V，室外机 CPU 为 3.3V 供电，高电平为 3.3V，低电平均为 0V。

室内机和室外机 CPU 传送数据时为同相设计，即室外机 CPU 发送高电平信号时，室内机 CPU 接收也同样为高电平信号，室外机 CPU 发送低电平信号时，室内机 CPU 接收也同样为低电平信号。

（1）室外机发送高电平信号，室内机接收信号

通信电路处于室外机发送、室内机接收时，见图 3-34，室内机 CPU 发送信号 ㉛ 脚首先输出 5V 高电平电压经电阻 R35 送至晶体管 Q12 基极 B，电压为 0.7V，集电极 C 和发射极 E 导通，U4 初级侧②脚发光二极管负极接地，5V 电压经电阻 R17、U4 初级发光二极管和地构成回路，初级侧两端电压为 1.1V，使得次级侧光敏晶体管集电极 ④ 脚和发射极 ③ 脚导通，为室外机 CPU 发送通信信号提供先决条件。

室外机 CPU ㉞ 脚发送高电平信号时，输出电压 3.3V 经电阻 R1315 送至晶体管 Q132 基极，电压为 0.7V，集电极和发射极导通，3.3V 电压经电阻 R1316、U132 初级发光二极管、Q132 集电极、Q132 发射极和地构成回路，U132 初级侧两端电压为 1.1V，使得次级侧集电极和发射极导通，整个通信回路闭合，流程如下：通信电源 56V → U132 的④脚集电极 → U132 的③脚发射极 → U131 的①脚发光二极管正极 → U131 的②脚发光二极管负极

→电阻 R138 →二极管 D133 →室内外机连接线→室内机主板 X11 端子（COM-OUT）→ D1 → R18 → R10 → U4 的④脚→ U4 的③脚→ U3 的①脚→ U3 的②脚→ N 端构成回路，使得 U3 初级侧两端的电压为 1.1V，次级侧④ - ③脚导通，三极管 Q3 基极电压约为 0.1V，集电极和发射极截止，5V 电压经电阻 R75 和 R14，为 CPU 接收信号 ㉚ 脚供电，为高电平约 5V，和室外机 CPU 发送信号 ㉞ 脚的高电平相同，实现了室外机 CPU 发送高电平信号，室内机 CPU 接收高电平信号的过程。

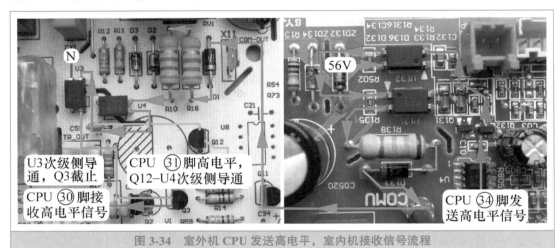

图 3-34　室外机 CPU 发送高电平，室内机接收信号流程

（2）室外机 CPU 发送低电平信号，室内机 CPU 接收信号

见图 3-35，当室外机 CPU ㉞ 脚发送低电平信号时，输出电压为 0V，Q132 基极电压也为 0V，集电极和发射极截止，U132 的②脚负极不能接地，因此 3.3V 电压经 R1316 不能构成回路，U132 的初级侧① - ②脚电压为 0V，次级侧④ - ③脚截止，U132 的③脚电压为 0V，此时通信回路断开，使得室内机主板 U3 初级侧两端电压为 0V，次级侧④ - ③脚截止，5V 电压经 R13、R19 为 Q3 基极供电，电压为 0.7V，集电极和发射极导通，CPU 接收信号 ㉚ 脚经 R14、Q3 集电极、Q3 发射极接地，为低电平 0V，和室外机发送信号 ㉞ 脚的低电平相同，实现了室外机 CPU 发送低电平信号，室内机 CPU 接收低电平信号的过程。

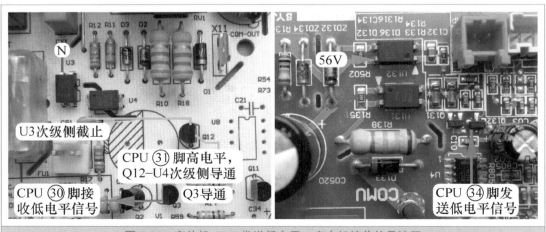

图 3-35　室外机 CPU 发送低电平，室内机接收信号流程

（3）室内机 CPU 发送高电平信号，室外机 CPU 接收信号

通信电路处于室内机发送、室外机接收时，见图 3-36，室外机 CPU 发送信号 ㉞ 脚首先输出 3.3V 高电平电压，经 R1315 送至 Q132 基极，电压为 0.7V，集电极和发射极导通，U132 初级侧②脚发光二极管负极接地，3.3V 电压经 R1316、U132 初级发光二极管和地构成回路，初级侧两端电压为 1.1V，使得次级侧④脚和③脚导通，为室内机 CPU 发送通信信号提供了先决条件。

室内机 CPU ㉛ 脚发送高电平信号时，输出电压 5V 经 R35 送至 Q12 基极，电压为 0.7V，集电极和发射极导通，5V 电压经电阻 R17、U4 初级发光二极管、Q12 集电极、Q12 发射极和地构成回路，U4 初级侧两端电压为 1.1V，次级侧④脚集电极和③脚发射极导通，整个通信回路闭合，使得室外机接收光耦合器 U131 初级侧两端的电压为 1.1V，次级侧④-③脚导通，Q131 基极电压为 0V，集电极和发射极截止，3.3V 电压经 R132 和 R131 为 CPU 接收信号 ㊵ 脚供电，为高电平约 3.3V，和室内机 CPU 发送信号 ㉛ 脚的高电平相同，实现了室内机 CPU 发送高电平信号，室外机 CPU 接收高电平信号的过程。

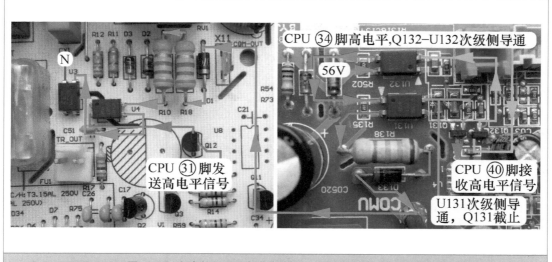

图 3-36　室内机 CPU 发送高电平，室外机接收信号流程

（4）室内机 CPU 发送低电平信号，室外机 CPU 接收信号

见图 3-37，当室内机 CPU ㉛ 脚发送低电平信号时，输出电压为 0V，Q12 基极电压也为 0V，集电极和发射极截止，U4 的②脚负极不能接地，因此 5V 电压经 R17 不能构成回路，U4 的初级侧①-②脚电压为 0V，次级侧④-③脚截止，U4 的③脚电压为 0V，此时通信回路断开，使得室外机主板 U131 初级侧两端电压为 0V，次级侧④-③脚截止，3.3V 电压经 R134、R133 为 Q131 基极供电，电压为 0.7V，集电极和发射极导通，CPU 接收信号 ㊵ 脚经 R131、Q131 集电极、Q131 发射极接地，为低电平 0V，和室内机发送信号 ㉛ 脚的低电平相同，实现了室内机 CPU 发送低电平信号，室外机 CPU 接收低电平信号的过程。

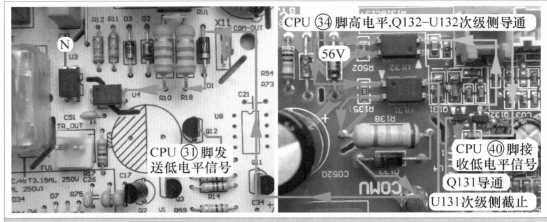

图 3-37　室内机 CPU 发送低电平、室外机接收信号流程

4. 通信电压跳变范围

室内机和室外机 CPU 输出的通信信号均为脉冲电压，通常在 0 ～ 5V 之间变化。光耦合器初级发光二极管的电压也是时有时无，有电压时次级光敏晶体管导通，无电压时次级光敏晶体管截止，通信电路由于光耦合器次级光敏晶体管的导通与截止，工作时也是时而闭合时而断开，因而通信电路工作电压为跳动变化的电压。

测量通信电路电压时，使用万用表直流电压档，黑表笔接 N（1）号端子，红表笔接 2 号 COM 端子。根据图 3-23 的通信电路简图，可得出以下结果。

室外机发送光耦合器 U132 次级光敏晶体管截止，室内机发送光耦合器 U4 次级光敏晶体管导通，直流 56V 通信电压断开，此时 N 与 COM 端子电压为 0V。

U132 次级导通，U4 次级导通，此时相当于直流 56V 电压对串联的电阻 R_N 和 R_W 进行分压。在格力 KFR-32GW/（32556）FNDe-3 空调器的通信电路中，$R_N=R_{18} + R_{10}=13.6k\Omega$，$R_W=R_{138}=13k\Omega$，此时测量 N 与 COM 端子之间的电压相当于测量 R_N 两端的电压，根据分压公式 $[R_N/(R_N+R_W)] \times 56V$ 可计算得出，约等于 28V。

U132 次级导通，U4 次级截止，此时 N 与 COM 端子之间的电压为直流 56V。

根据以上结果得出的结论是：测量通信电路电压即 N 与 COM 端子间电压，理论的通信电压变化范围为 0V~28V~56V，但是实际测量时，由于光耦合器次级光敏晶体管导通与截止的转换频率非常快，见图 3-38，万用表显示值通常在 6V~27V~51V 之间循环跳动变化。

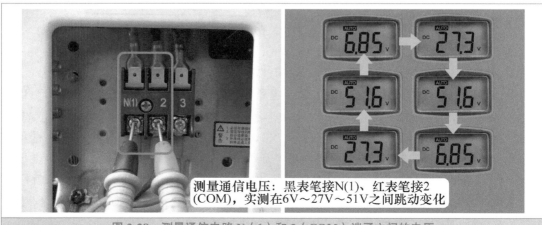

测量通信电压：黑表笔接N(1)、红表笔接2 (COM)，实测在6V～27V～51V之间跳动变化

图 3-38　测量通信电路 N（1）和 2（COM）端子之间的电压

第四章

Chapter 4

交流变频空调器室内机电路

本章以海信 KFR-26GW/11BP 交流变频空调器室内机为基础，介绍室内机电控系统组成、单元电路作用等。如本章中无特别注明，所有空调器型号均默认为海信 KFR-26GW/11BP。

第一节　基础知识

一、电控系统组成

本小节介绍海信 KFR-26GW/11BP 室内机电控系统的硬件组成、实物外形，并将主板插座、主板外围元器件、主板电子元器件标上代号，使电路原理图、实物外形一一对应，将理论和实际结合在一起。

图 4-1 为室内机电控系统电气接线图，图 4-2 为实物图（不含端子板）。从图 4-2 中可以看出，室内机电控系统由主板（控制基板）、室内管温传感器（蒸发器温度传感器）、显示板组件（显示基板组件）、室内风机（室内电机，本机使用 PG 电机）、步进电机（风门电机）、端子板等组成。

图 4-3 为室内机主板电路原理图。

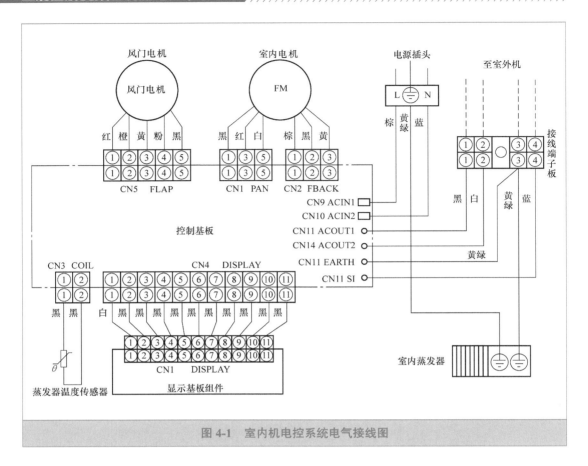

图 4-1 室内机电控系统电气接线图

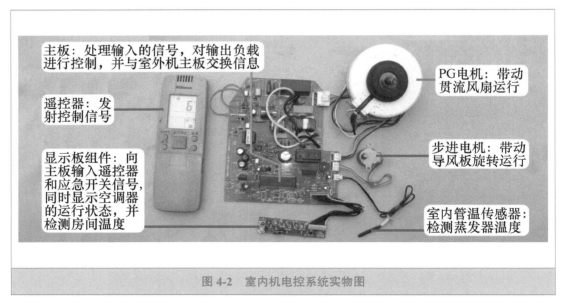

图 4-2 室内机电控系统实物图

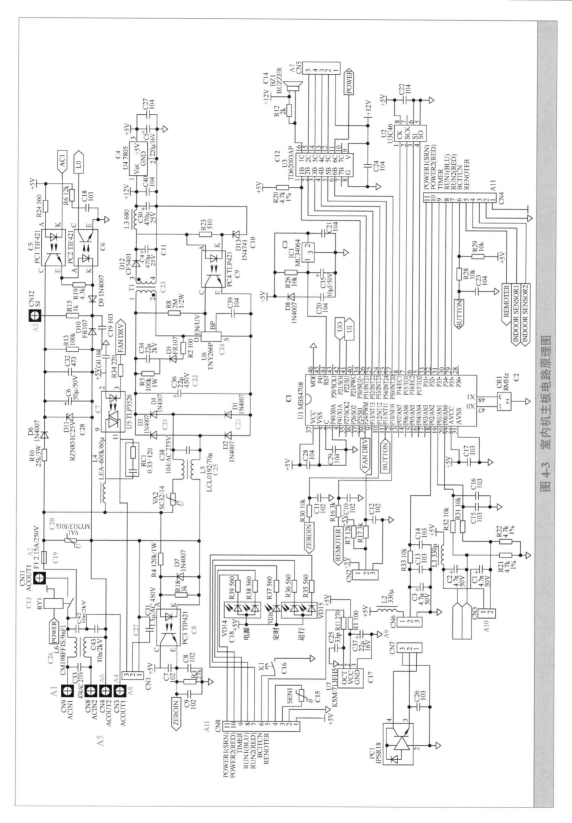

图 4-3　室内机主板电路原理图

二、 主板插座和电子元器件

1. 主板插座和外围元器件

表 4-1 为室内机主板插座和外围元器件明细，图 4-4 为室内机主板插座和外围元器件。

主板有供电才能工作，为主板供电的有电源 L 端和电源 N 端 2 个输入端子；室内机主板外围的元器件有室内风机、步进电机、显示板组件和管温传感器，相对应的在主板上有室内风机线圈供电插座、步进电机插座、霍尔反馈插座、管温传感器插座；由于室内机主板还为室外机供电和与室外机交换信息，因此还设有室外机供电端子和通信线。

➤ 说明：

① 插座引线的代号以"A"开头，外围元器件实物以"B"开头，主板和显示板组件上的电子元器件以"C"开头。

② 本机主板由开关电源电路提供直流 12V 和 5V 电压，因此没有变压器一次绕组和二次绕组插座。

③ 本机室内环温传感器设在显示板组件，因此主板没有环温传感器插座。

表 4-1　室内机主板插座和外围元器件明细

标号	插座 / 元器件	标号	插座 / 元器件	标号	插座 / 元器件	标号	插座 / 元器件
A1	电源 L 端输入	A5	电源 N 端输入	A9	霍尔反馈插座	B2	显示板组件
A2	电源 L 端输出	A6	电源 N 端输出	A10	管温传感器插座	B3	管温传感器
A3	通信线	A7	步进电机插座	A11	显示板组件插座		
A4	地线	A8	室内风机线圈供电插座	B1	步进电机		

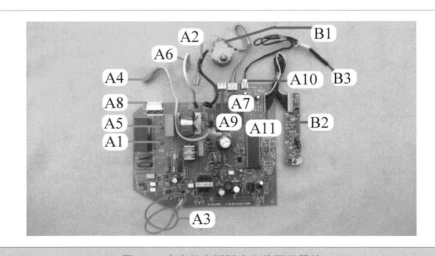

图 4-4　室内机主板插座和外围元器件

2. 主板电子元器件

表 4-2 为室内机主板主要电子元器件明细，图 4-5 为室内机主板主要电子元器件。

表 4-2　室内机主板主要电子元器件明细

标号	元器件	标号	元器件	标号	元器件	标号	元器件
C1	CPU	C8	过零检测光耦合器	C15	环温传感器	C22	300V 滤波电容
C2	晶振	C9	稳压光耦合器	C16	应急开关	C23	开关变压器
C3	复位集成电路	C10	11V 稳压管	C17	接收器	C24	开关电源集成电路
C4	7805 稳压块	C11	12V 滤波电容	C18	发光二极管	C25	扼流圈
C5	发送光耦合器	C12	反相驱动器	C19	熔丝管 (俗称保险管)	C26	滤波电感
C6	接收光耦合器	C13	主控继电器	C20	压敏电阻	C27	风机电容
C7	光耦合器晶闸管	C14	蜂鸣器	C21	整流二极管	C28	24V 稳压管

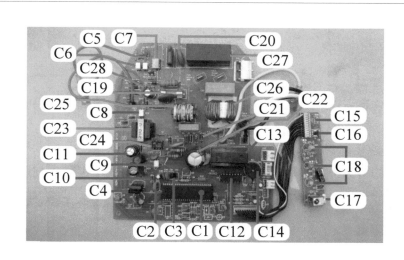

图 4-5　室内机主板的主要电子元器件

3. 单元电路作用

图 4-6 为室内机主板单元电路框图，图中左侧为输入部分电路，右侧为输出部分电路。

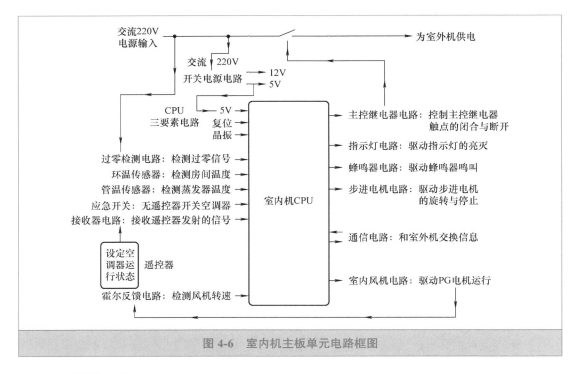

图 4-6 室内机主板单元电路框图

（1）电源电路

电源电路的作用是向主板提供直流12V和5V电压，由熔丝管（C19）、压敏电阻（C20）、滤波电感（C26）、整流二极管（C21）、直流300V滤波电容（C22）、开关电源集成电路（C24）、开关变压器（C23）、稳压光耦合器（C9）、11V稳压管（C10）、12V滤波电容（C11）、7805稳压块（C4）等元器件组成。

交流滤波电路中使用扼流圈（C25），用来滤除电网中的杂波干扰。

（2）CPU及其三要素电路

CPU（C1）是室内机电控系统的控制中心，用来处理输入部分电路的信号，对负载进行控制；CPU三要素电路是CPU正常工作的前提，由复位集成电路（C3）、晶振（C2）等元器件组成。

（3）通信电路

通信电路的作用是和室外机CPU交换信息，主要元器件为接收光耦合器（C6）和发送光耦合器（C5），以及专用电源24V稳压管（C28）。

（4）应急开关电路

应急开关电路的作用是在无遥控器时用其可以开启或关闭空调器，主要元器件为应急开关（C16）。

（5）接收器电路

接收器电路的作用是接收遥控器发射的信号，主要元器件为接收器（C17）。

（6）传感器电路

传感器电路的作用是向CPU提供温度信号。室内环温传感器（C15）提供房间温度信号，室内管温传感器（B3）提供蒸发器温度信号，5V供电电路中使用了电感。

（7）过零检测电路

过零检测电路的作用是向 CPU 提供交流电源的零点信号，主要元器件为过零检测光耦合器（C8）。

（8）霍尔反馈电路

霍尔反馈电路的作用是向 CPU 提供转速信号，室内风机（PG 电机）输出的霍尔反馈信号直接送至 CPU 引脚。

（9）指示灯电路

指示灯电路的作用是显示空调器的运行状态，主要元器件为 3 个发光二极管（C18），其中有 2 个为双色二极管。

（10）蜂鸣器电路

蜂鸣器电路的作用是提示已接收到遥控器信号，主要元器件为反相驱动器（C12）和蜂鸣器（C14）。

（11）步进电机电路

步进电机电路的作用是驱动步进电机运行，从而带动导风板上下旋转运行，主要元器件为反相驱动器和步进电机（B1）。

（12）主控继电器电路

主控继电器电路的作用是向室外机提供电源，主要元器件为反相驱动器和主控继电器（C13）。

（13）室内风机电路

室内风机电路的作用是驱动室内风机运行，主要元器件为光耦合器晶闸管（C7）和室内风机。

第二节　电源电路和 CPU 三要素电路

一、电源电路

1. 作用

电源电路的电路简图见图 4-7，作用是将交流 220V 电压转换为直流 12V 和 5V 电压为主板供电，本机使用开关电源形式的电源电路。

➡ 说明：变频空调器室内机大多数使用变压器降压形式的电源电路，只有部分普通变频空调器或全直流变频空调器使用开关电源电路形式。

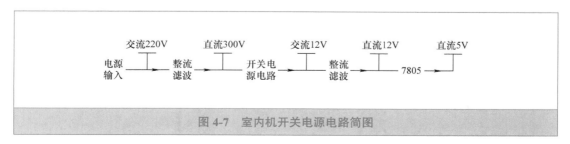

图 4-7　室内机开关电源电路简图

2. 工作原理

图 4-8 为开关电源电路原理图，图 4-9 为实物图。

（1）交流滤波电路

电容 C33 为高频旁路电容，与滤波电感 L6 组成 LC 滤波电路，用以旁路电源引入的高频干扰信号；熔丝管 F1、压敏电阻 VA1 组成过电压保护电路，输入电压正常时对电路没有影响，而当输入电压过高时，VA1 迅速击穿，将前端 F1 熔丝管熔断，从而保护主板后级电路免受损坏。

交流 220V 电压经过滤波后，其中一路分支送至开关电源电路，经过由 VA2、扼流圈 L5、电容 C38 组成的 LC 滤波电路，使输入的交流 220V 电压更加纯净。

（2）整流滤波电路

二极管 D1 ～ D4 组成桥式整流电路，将交流 220V 电压整流成为脉动的直流 300V 电压，电容 C36 滤除其中的交流成分，变为纯净的直流 300V 电压。

（3）开关振荡电路

本电路为反激式开关电源，集成电路 U6 使用型号为 TNY266P，其内置振荡器和场效应开关管，振荡开关频率固定，通过改变脉冲宽度来调整占空比。开关频率固定，因此设计电路相对简单，但是受功率开关管最小导通时间限制，对输出电压不能做宽范围调节。由于采用反激式开关方式，电网的干扰就不能经开关变压器直接耦合至二次绕组，具有较好的抗干扰能力。

直流 300V 电压正极经开关变压器一次绕组接 U6 内部开关管的漏极 D，负极接开关管源极 S。高频开关变压器 T1 一次绕组与二次绕组极性相反，U6 内部开关管导通时一次绕组存储能量，二次绕组因整流二极管 D12 承受反向电压而截止，相当于开路；U6 内部开关管截止时，T1 一次绕组极性变换，二次绕组极性同样变换，D12 正向偏置导通，一次绕组向二次绕组释放能量。

U6 内部开关管交替导通与截止，开关变压器二次绕组得到高频脉冲电压，经 D12 整流，电容 C4、C30、C40 和电感 L3 滤波，成为纯净的直流 12V 电压为主板 12V 负载供电；其中一个支路送至 U4（7805）的①脚输入端，经内部电路稳压后在③脚输出端输出稳定的直流 5V 电压，为主板 5V 负载供电。

R5、C34、D5、R2 组成钳位保护电路，吸收开关管截止时加在漏极 D 上的尖峰电压，并将其降至一定的范围之内，防止过电压损坏开关管。

C39 为旁路电容，实现高频滤波和能量存储，在开关管截止时为 U6 提供工作电压，由于容量仅为 0.1μF，因此 U6 上电时迅速启动并使输出电压不会过高。

电阻 R8 为输入电压检测电阻，开关电源电路在输入电压高于 100V 时，集成电路 U6 才能工作。如果 R8 阻值发生变化，导致 U6 欠电压阈值发生变化，将出现开关电源电路不能正常工作的故障。

（4）稳压电路

稳压电路采用脉宽调制方式，由电阻 R23、11V 稳压管 D13、光耦合器 PC4 和 U6 的④脚（EN/UV）组成。如因输入电压升高或负载发生变化引起直流 12V 电压升高，由于稳压管 D13 的作用，电阻 R23 两端电压升高，相当于光耦合器 PC4 初级发光二极管两端电压上升，光耦合器次级光敏晶体管导通能力增强，U6 的④脚电压下降，通过减少开关管的占空比，使开关管导通时间缩短而截止时间延长，开关变压器存储的能量变少，输出电压也随之下降。如直流 12V 电压降低，光耦合器次级导通能力下降，U6 的④脚电压上升，增加开关管的占空比，开关变压器存储能量增加，输出电压也随之升高。

（5）输出电压直流 12V

输出电压直流 12V 的高低，由稳压管 D13 稳压值（11V）和光耦合器 PC4 初级发光二极管的压降（约 1V）共同设定。正常工作时实测稳压管 D13 两端电压为直流 10.5V，光耦合器 PC4 初级两端电压为 1V，输出电压为 11.5V。

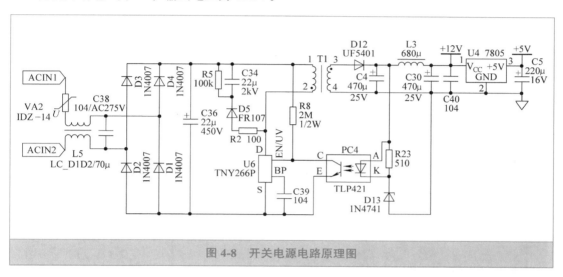

图 4-8　开关电源电路原理图

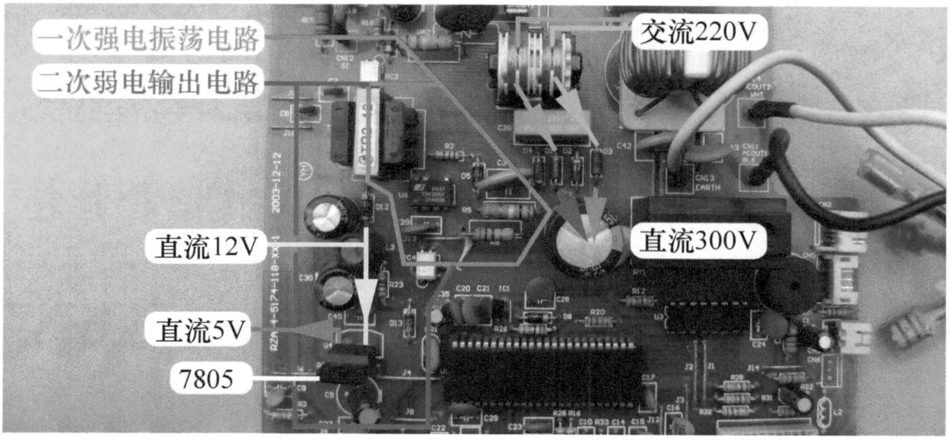

图 4-9　开关电源电路实物图

3. 电源电路负载

（1）直流 12V

主要有 5 个支路：① 5V 电压产生电路 7805 稳压块的①脚输入端；② 2003 反相驱动器；③蜂鸣器；④主控继电器；⑤步进电机。

（2）直流 5V

主要有 7 个支路：① CPU ；②复位电路；③霍尔反馈；④传感器电路；⑤显示板组件上的指示灯和接收器；⑥光耦合器晶闸管；⑦通信电路光耦合器和其他弱电信号处理电路。

二、CPU 及其三要素电路

1. CPU 简介

CPU 是主板上体积最大、引脚最多的器件，是一个大规模的集成电路，也是电控系统的控制中心，内部写入了运行程序。室内机 CPU 的作用是接收使用者的操作指令，结合室内环温、管温传感器等输入部分电路的信号进行运算和比较，确定运行模式（如制冷、制热、除湿和送风等），并通过通信电路传送至室外机主板的 CPU，间接控制压缩机、室外风机、四通阀线圈等部件，使空调器按使用者的意愿工作。

海信 KFR-26GW/11BP 室内机 CPU 型号为 MB89P475，实物外形见图 4-10，主板代号为 U1，共有 48 个引脚，表 4-3 为主要的引脚功能。

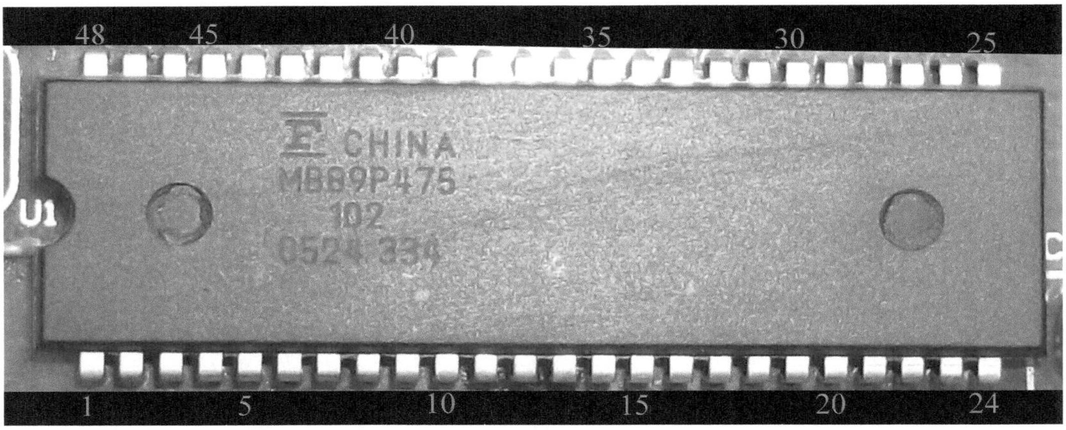

图 4-10　MB89P475 实物外形

表 4-3　MB89P475 主要引脚功能

引脚	英文符号	功能	说明
㊲、㉒	VCC 或 VDD	电源	CPU 三要素电路
①、㉑	VSS 或 GND	地	
㊼	XIN 或 OSC1	8MHz 晶振	
㊽	XOUT 或 OSC2		
㊹	RESET	复位	
㊶	SI 或 RXD	通信信号输入	通信电路
㊷	SO 或 TXD	通信信号输出	

（续）

引脚	英文符号	功能	说明
⑲	COIL	室内管温输入	
⑳	ROOM	室内环温输入	
⑪	SPEED	应急开关输入	输入部分电路
⑫	REC	遥控器信号输入	
⑩	ZERO	过零信号输入	
⑨		霍尔反馈输入	
指示灯：㉙高效（红）、㉚运行（蓝）、㉛定时（绿）、㉜电源（红）、㉝电源（绿）			
㉓~㉖	FLAP	步进电机	
㉞	BUZZ	蜂鸣器	输出部分电路
㊴	FAN-DRV	室内风机	
㉗		主控继电器	

2. CPU 三要素电路工作原理

图 4-11 为 CPU 三要素电路原理图，图 4-12 为实物图。电源、复位、时钟振荡电路称为三要素电路，是 CPU 正常工作的前提，缺一不可，否则会死机，引起空调器上电后室内机主板无反应的故障。

（1）电源电路

CPU 的 ㊲ 脚是电源供电引脚，电压由 7805 的 ③ 脚输出端直接供给。

CPU 的 ① 脚为接地引脚，和 7805 的 ② 脚相连。

（2）复位电路

复位电路使 CPU 内部程序处于初始状态。CPU 的 ㊹ 脚为复位引脚，外围器件 IC1（HT7044A）、R26、C35、C20、D8 组成低电平复位电路。开机瞬间，直流 5V 电压在滤波电容的作用下逐渐升高，当电压低于 4.6V 时，IC1 的 ① 脚为低电平约 0V，加至 ㊹ 脚，使 CPU 内部电路清零复位；当电压高于 4.6V 时，IC1 的 ① 脚变为高电平 5V，加至 CPU ㊹ 脚，使其内部电路复位结束，开始工作。电容 C35 用来调整复位时间。

（3）时钟振荡电路

时钟振荡电路提供时钟频率。CPU 的 ㊷ 、㊸ 为时钟引脚，内部振荡器电路与外接的晶振 CR1 组成时钟振荡电路，提供稳定的 8MHz 时钟信号，使 CPU 能够连续执行指令。

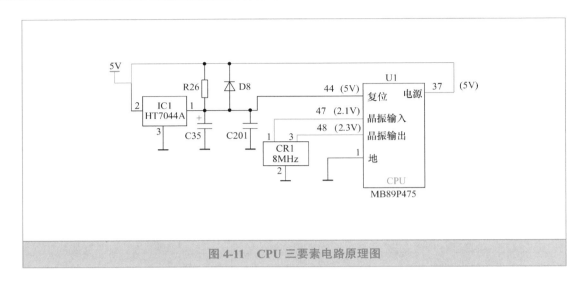

图 4-11 CPU 三要素电路原理图

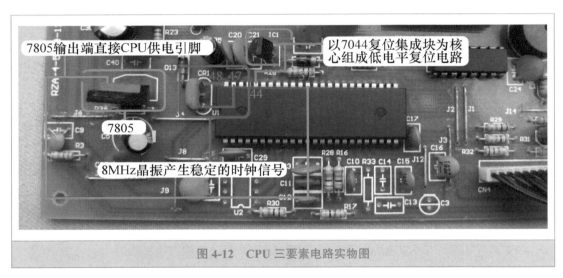

图 4-12 CPU 三要素电路实物图

第三节 输入部分电路

一、应急开关电路

图 4-13 为应急开关电路原理图，图 4-14 为实物图，该电路的作用是无遥控器时可以开启或关闭空调器。

CPU ⑪ 脚为应急开关信号输入引脚，正常即应急开关未按下时为高电平直流 5V；在无遥控器需要开启或关闭空调器时，按下应急开关的按键，⑪ 脚为低电平约 0V，CPU 根据低电平的次数和时间长短进入各种控制程序。

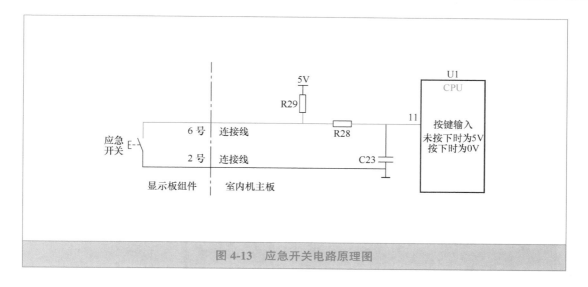

图 4-13 应急开关电路原理图

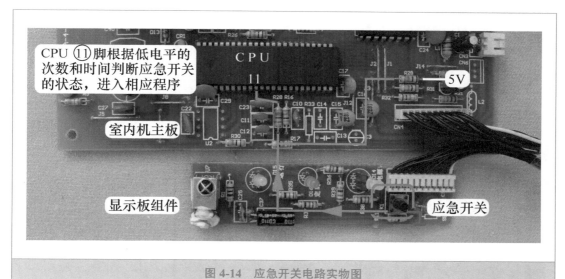

图 4-14 应急开关电路实物图

二、 遥控器信号接收电路

图 4-15 为遥控器信号接收电路原理图,图 4-16 为实物图,该电路的作用是处理遥控器发送的信号并送至 CPU 相关引脚。

遥控器发射含有经过编码的调制信号,以 **38kHz** 为载波频率发送至接收器 U7,接收器将光信号转换为电信号,并进行放大、滤波、整形,经电阻 R11 和 R16 送至 CPU ⑫脚,CPU 内部电路解码后得出遥控器的按键信息,从而对电路进行控制;CPU 每接收到遥控器信号后便会控制蜂鸣器响一声给予提示。

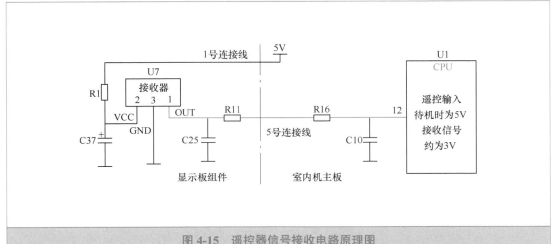

图 4-15　遥控器信号接收电路原理图

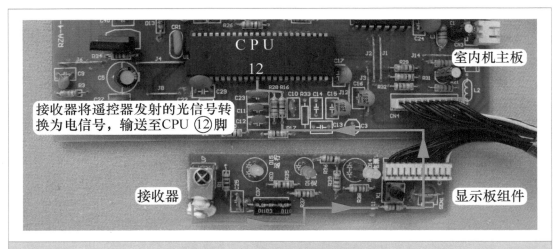

图 4-16　遥控器信号接收电路实物图

三、传感器电路

传感器电路向室内机 CPU 提供室内房间温度和蒸发器温度共两种温度信号。

1. 室内环温传感器

图 4-17 为环温传感器安装位置和实物外形。本机的环温传感器比较特殊，与常见机型不同，没有安装在蒸发器的进风面，而是焊接在显示板组件上面（相对应主板没有环温传感器插座），且实物外形和普通二极管相似；管温传感器与常见机型相同。

① 室内环温传感器在电路中的英文符号为"ROOM"，作用是检测室内房间温度，由室内环温传感器（25℃/5kΩ）和分压电阻 R21（4.7kΩ 精密电阻、1％误差）等元器件组成。

② 制冷模式，控制室外机停机；制热模式，控制室内风机和室外机停机。

③ 和遥控器的设定温度（或应急开关设定温度）组合，决定压缩机的运行频率，基本原

则为温差大运行频率高，温差小运行频率低。

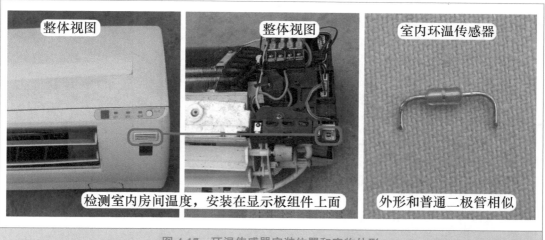

图 4-17　环温传感器安装位置和实物外形

2. 室内管温传感器

图 4-18 为管温传感器安装位置和实物外形。

① 室内管温传感器在电路中的英文符号是 "COIL"，作用是检测蒸发器温度，由室内管温传感器（25℃/5kΩ）和分压电阻 R22（4.7kΩ 精密电阻、1% 误差）等元器件组成。

② 制冷模式下防冻结保护：控制压缩机运行频率。室内管温高于 9℃，压缩机频率不受约束；低于 7℃时压缩机禁升频，低于 3℃时压缩机降频，低于 –1℃时压缩机停机。

③ 制热模式下防冷风保护：控制室内风机转速。室内管温低于 23℃，室内风机停机；高于 28℃低于 32℃时低风，高于 32℃低于 38℃时中风，高于 38℃时按设定风速运行。

④ 制热模式下防过载保护：控制压缩机运行频率。室内管温低于 48℃时，频率不受约束；高于 63℃低于 78℃时，压缩机降频；高于 78℃时，控制压缩机停机。

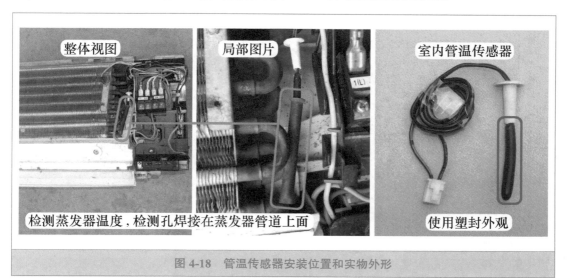

图 4-18　管温传感器安装位置和实物外形

3. 传感器电路工作原理

图 4-19 为传感器电路原理图，图 4-20 为管温传感器信号流程，该电路的作用是向室内机 CPU 提供室内房间温度和蒸发器温度信号。

室内机 CPU 的 ⑳ 脚检测室内环温传感器温度，⑲ 脚检测室内管温传感器温度，两路传感器工作原理相同，均为传感器与偏置电阻组成分压电路，传感器为负温度系数（NTC）热敏电阻。以室内管温传感器电路为例，如蒸发器温度由于某种原因升高，室内管温传感器温度也相应升高，其阻值变小，根据分压电路原理，分压电阻 R22 分得的电压也相应升高，输送到 CPU ⑲ 脚的电压升高，CPU 根据电压值计算得出蒸发器的实际温度，并与内置的数据相比较，对电路进行控制。假如在制热模式下，计算得出的温度大于 78℃，则控制压缩机停机，并显示故障代码。

环温与管温传感器型号相同，参数均为 25℃/5kΩ，分压电阻的阻值也相同，因此在刚上电未开机时，环温和管温传感器检测的温度基本相同，CPU 的 ⑲ 脚和 ⑳ 脚电压也基本相同，传感器插座分压点引针电压也基本相同，房间温度在 25℃时电压约为 2.4V。

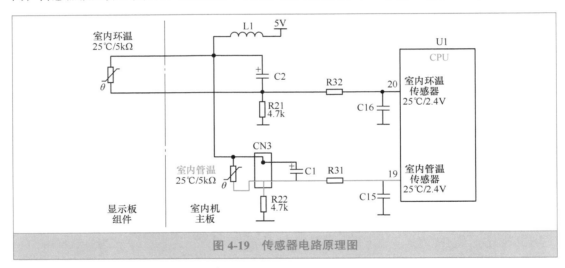

图 4-19　传感器电路原理图

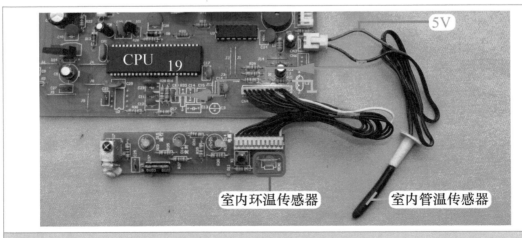

图 4-20　管温传感器信号流程

第四节 输出部分电路

一、 指示灯电路

图 4-21 为指示灯电路原理图，图 4-22 为电源指示灯信号流程，该电路的作用是指示空调器的工作状态，或者出现故障时以指示灯亮、灭、闪的组合显示故障代码。

CPU ㉙ ～ ㉚ 脚分别是高效、运行、定时、电源指示灯控制引脚，运行 D15、电源 D14 均为双色指示灯。

定时指示灯 D16 为单色指示灯，正常情况下，CPU ㉛ 脚为高电平 4.5V，D16 因两端无电压差而熄灭；如遥控器开启"定时"功能，CPU 处理后开始计时，同时 ㉛ 脚变为低电平 0.2V，D16 两端电压为 1.9V 而点亮，显示绿色。

电源指示灯 D14 为双色指示灯，待机状态 CPU ㉜、㉝ 脚均为高电平 4.5V，指示灯为熄灭状态；遥控器开机后如 CPU 控制为制冷或除湿模式，㉝ 脚变为低电平 0.2V，D14 内部绿色发光二极管点亮，因此显示颜色为绿色；遥控器开机后如 CPU 控制为制热模式，㉜、㉝ 脚均为低电平 0.2V，D14 内部红色和绿色发光二极管全部点亮，红色和绿色融合为橙色，因此制热模式显示为橙色。

运行指示灯 D15 也为双色指示灯，具有运行和高效指示功能，共同组合可显示压缩机的运行频率。遥控器开机后如压缩机低频运行，CPU ㉚ 脚为低电平 0.2V，CPU ㉙ 脚为高电平 4.5V，D15 内部只有蓝色发光二极管点亮，此时运行指示灯只显示蓝色；如压缩机升频至中频状态运行，CPU ㉙ 脚也变为低电平 0.2V（即 ㉙ 和 ㉚ 脚同为低电平），D15 内部红色和蓝色发光二极管均点亮，此时 D15 同时显示红色和蓝色两种颜色；如压缩机继续升频至高频状态运行，或开启遥控器上的"高效"功能，CPU ㉚ 脚变为高电平 4.5V，D15 内部蓝色发光二极管熄灭，此时只有红色发光二极管点亮，显示颜色为红色。

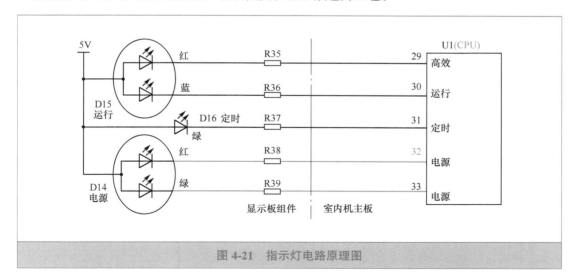

图 4-21 指示灯电路原理图

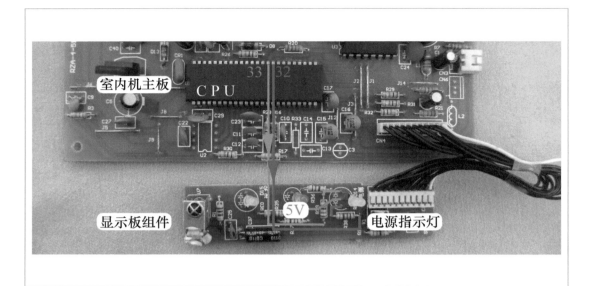

图 4-22　电源指示灯信号流程

二、　　**蜂鸣器电路**

图 4-23 为蜂鸣器电路原理图，图 4-24 为实物图，该电路的作用为提示（响一声）CPU 接收到遥控器发出的信号且已处理。

CPU ㉞ 脚是蜂鸣器控制引脚，正常时为低电平；当接收到遥控器发出的信号且处理后引脚变为高电平，反相驱动器 U3 的输入端 ① 脚也为高电平，输出端 ⑯ 脚则为低电平，蜂鸣器发出预先录制的音乐。

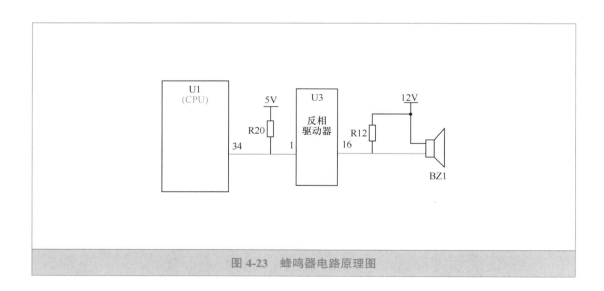

图 4-23　蜂鸣器电路原理图

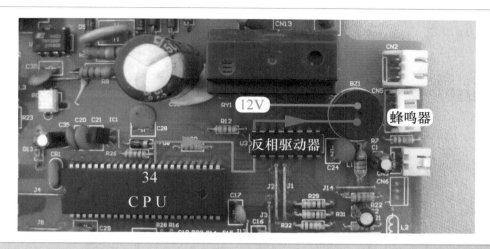

图 4-24　蜂鸣器电路实物图

三、　步进电机电路

1. 步进电机的安装位置

步进电机的作用是驱动室内机导风板上下转动，其安装位置和实物外形见图 4-25。制冷时吹出的空气潮湿，于是自然下沉，使用时应将导风板角度设置为水平状态，避免直吹人体；制热时吹出的空气干燥，于是自然向上漂移，使用时将导风板角度设置为向下状态，这样可以使房间内送风合理且均匀。

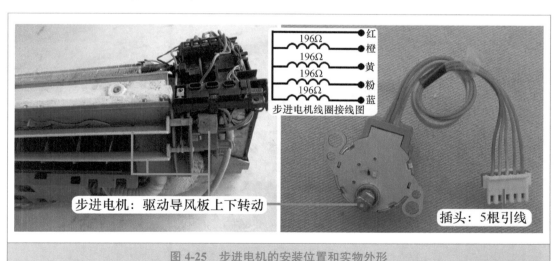

图 4-25　步进电机的安装位置和实物外形

2. 工作原理

图 4-26 为步进电机的电路原理图，图 4-27 为实物图，该电路的作用是驱动步进电机运行。

当 CPU 接收到遥控器发出的信号需要控制步进电机运行时，其 ㉓ ~ ㉖ 脚输出步进电机驱动信号，送至反相驱动器 U3 的输入端 ⑤ ~ ② 脚，U3 将信号放大后在 ⑫ ~ ⑮ 脚反相输出，驱动步进电机线圈，电机转动，带动导风板上下转动，使房间内的送风均匀到达用户需要的地方；需要控制步进电机停止转动时，CPU ㉓ ～ ㉖ 脚输出低电平 0V，线圈无驱动电压，使得步进电机停止运行。

驱动步进电机运行时，CPU 的 4 个引脚按顺序输出高电平，实测电压在 1.3V 左右变化；反相驱动器输入端电压在 1.3V 左右变化，输出端电压在 8.5V 左右变化。

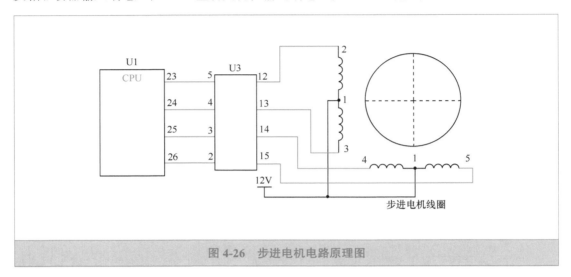

图 4-26　步进电机电路原理图

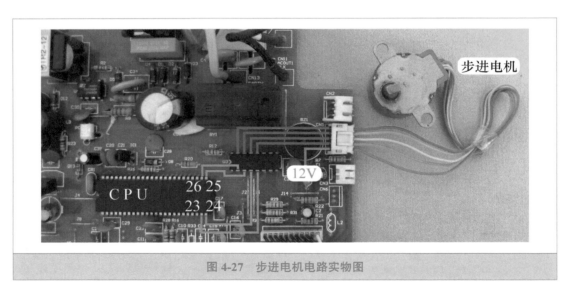

图 4-27　步进电机电路实物图

四、　主控继电器电路

图 4-28 为主控继电器电路原理图，图 4-29 为继电器触点闭合过程，图 4-30 为继电器触点断开过程，该电路的作用是接通或断开室外机的供电。

当 CPU 处理输入的信号，需要为室外机供电时，㉗ 脚变为高电平 5V，送至反相驱动器

U3 的输入端⑥脚，⑥脚为高电平 5V，U3 内部电路翻转，使得输出端引脚接地，其对应输出端 ⑪ 脚为低电平 0.8V，继电器 RY1 线圈得到 11.2V 供电，产生电磁吸力使触点 3-4 闭合，电源电压由 L 端经主控继电器 3-4 触点去接线端子，与 N 端组合为交流 220V 电压，为室外机供电。

当 CPU 处理输入的信号，需要断开室外机供电时，㉗ 脚为低电平 0V，U3 输入端⑥脚也为低电平 0V，内部电路不能翻转，对应输出端 ⑪ 脚不能接地，继电器 RY1 线圈电压为 0V，触点 3-4 断开，室外机也就停止供电。

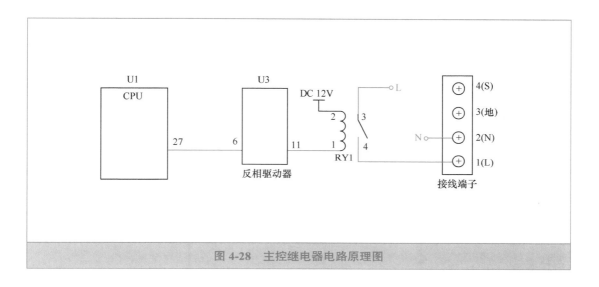

图 4-28 主控继电器电路原理图

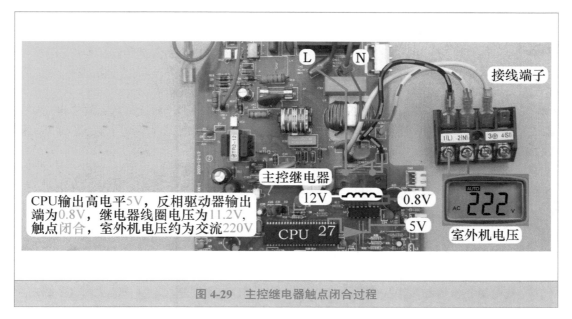

图 4-29 主控继电器触点闭合过程

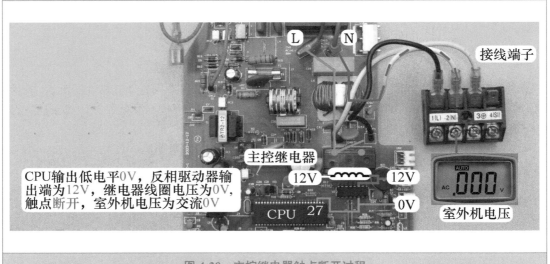

CPU输出低电平0V，反相驱动器输出端为12V，继电器线圈电压为0V，触点断开，室外机电压为交流0V

主控继电器

12V   12V

CPU 27   0V

接线端子

室外机电压

图 4-30   主控继电器触点断开过程

第五节   室内风机电路

室内风机电路由 2 个输入部分的单元电路（过零检测电路和霍尔反馈电路）和 1 个输出部分的单元电路（室内风机电路）组成。

一、过零检测电路

1. 作用

图 4-31 为过零检测电路原理图，图 4-32 为其实物图，该电路的作用是为 CPU 提供电源电压的零点位置信号，以便 CPU 在零点附近驱动光耦合器晶闸管的导通角，并通过软件计算出电源供电是否存在瞬时断电的故障。本机主板供电使用开关电源电路，过零检测电路的取样点为交流 220V。

➡ 说明：如果室内机主板使用变压器降压形式的电源电路，则过零检测电路取样点为变压器二次绕组整流电路的输出端。两者电路设计思路不同，使用的元件和检测点也不相同，但工作原理类似，所起的作用是相同的。

2. 工作原理

过零检测电路主要由电阻 R4、光耦合器 PC3 等主要元器件组成。交流电源处于正半周即 L 正、N 负时，光耦合器 PC3 初级得到供电，内部发光二极管发光，使得次级光敏晶体管导通，5V 电压经 PC3 次级、电阻 R30 为 CPU ⑩ 脚供电，为高电平 5V；交流电源为负半周即 L 负、N 正时，光耦合器 PC3 初级无供电，内部发光二极管无电流通过不能发光，使得次级光敏晶体管截止，CPU ⑩ 脚经电阻 R30、R3 接地，引脚电压为低电平 0V。

交流电源正半周和负半周极性交替变换，光耦合器反复导通、截止，在 CPU ⑩ 脚形成 100Hz 脉冲波形，CPU 内部电路通过处理，检测电源电压的零点位置及供电是否存在瞬时断电。

交流电源频率为 50Hz，每 1Hz 为一周期，一周期由正半周和负半周组成，也就是说 CPU ⑩ 脚电压每秒变化 100 次，速度变化极快，万用表显示值不为跳变电压而是稳定的直流电压，实测 ⑩ 脚电压为直流 2.2V，光耦合器 PC3 初级为直流 0.2V。

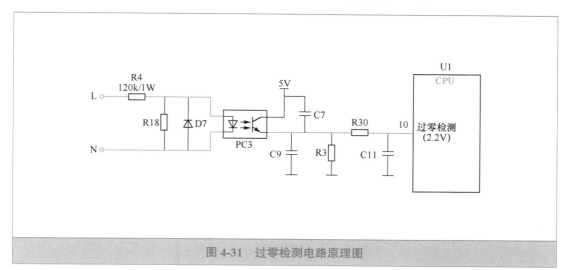

图 4-31　过零检测电路原理图

图 4-32　过零检测电路实物图

二、　室内风机电路

1. 室内风机的安装位置和实物外形

室内风机（PG 电机）安装在室内机右侧部分，见图 4-33，作用是驱动室内风扇（贯流风扇），在制冷时将蒸发器产生的冷量带出吹向房间内，从而降低房间温度。

室内风机电路用于驱动室内风机运行，由过零检测电路、室内风机电路和霍尔反馈电路 3 个单元电路组成。

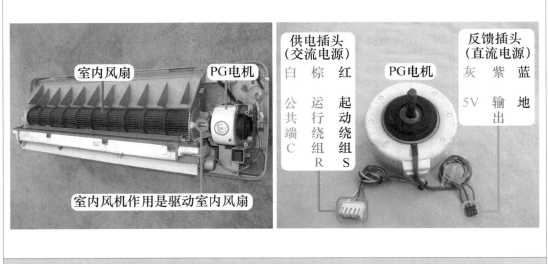

图 4-33　室内风机的安装位置和实物外形

2. 工作原理

图 4-34 为室内风机电路原理图，图 4-35 为其实物图，该电路的作用是驱动室内风机运行，从而带动贯流风扇运行。

用户输入的控制指令经主板 CPU 处理，需要控制室内风机运行时，首先检查过零检测电路输入的过零位置信号，以便在电源零点位置附近驱动光耦合器晶闸管的导通角，检查过零信号正常后 CPU ㉞ 脚输出驱动信号，经 R34 送至 U5（光耦合器晶闸管）初级发光二极管的负极，次级晶闸管导通，室内风机开始运行。电机运行之后输出代表转速的霍尔信号经电路反馈至 CPU 的相关引脚，CPU 计算实际转速并与程序设定的转速相比较，如有误差则改变光耦合器晶闸管的导通角，改变室内风机的工作电压，从而改变转速，使之与目标转速相同。

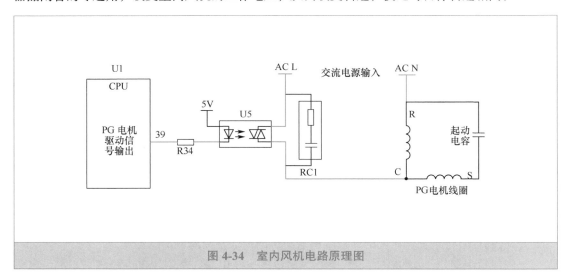

图 4-34　室内风机电路原理图

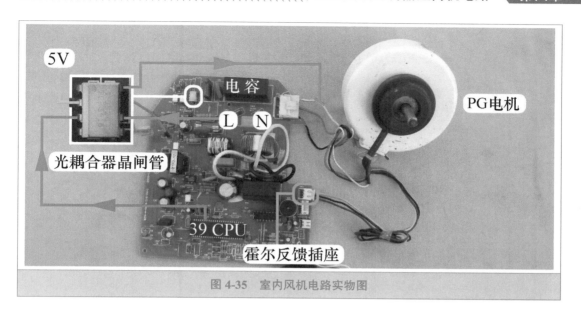

图 4-35 室内风机电路实物图

1. 霍尔

霍尔实物外形和引脚功能见图 4-36 左图，是一种基于霍尔效应的磁传感器，用它们可以检测磁场及其变化，可在各种与磁场有关的场合中使用。

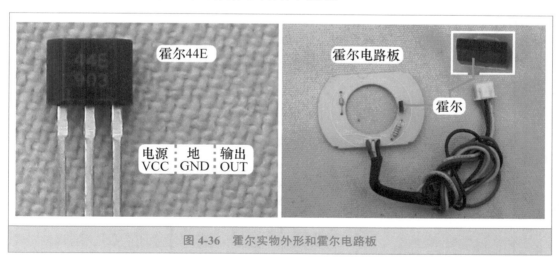

图 4-36 霍尔实物外形和霍尔电路板

应用在室内风机电路中时，霍尔安装在电路板上（见图 4-36 右图），电机的转子上面安装有磁环（见图 4-37 左图），在空间位置上霍尔与磁环相对应（见图 4-37 右图），转子旋转时带动磁环转动，霍尔将磁感应信号转化为高电平或低电平的脉冲电压由输出脚输出并送至主板 CPU，CPU 根据脉冲电压信号计算出电机的实际转速。

室内风机旋转一圈，内部霍尔会输出一个脉冲电压信号或几个脉冲电压信号（厂家不同，脉冲信号的数量不同），CPU 根据脉冲电压信号的数量计算出实际转速。

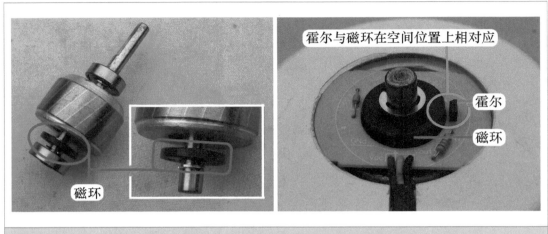

图 4-37　霍尔和磁环

2. 工作原理

图 4-38 为霍尔反馈电路原理图，图 4-39 为其实物图，该电路的作用是向 CPU 提供代表室内风机实际转速的霍尔信号，由室内风机内部霍尔 IC1、电阻 R7/R17、电容 C12 和 CPU 的 ⑨ 脚组成。

室内风机内部设有霍尔，转子旋转时输出脚输出代表转速的脉冲电压信号，通过 CN2 插座、电阻 R17 提供给 CPU ⑨ 脚，CPU 内部电路计算出实际转速，与目标转速相比较，如有误差通过改变光耦合器晶闸管的导通角，从而改变室内风机的工作电压，使室内风机实际转速与目标转速相同。

室内风机停止运行时，根据内部磁环和霍尔位置不同，霍尔反馈插座的信号引针即 CPU ⑨ 脚电压为 5V 或 0V ；室内风机运行时，不论高速还是低速，电压恒为 2.5V，即供电电压 5V 的一半。

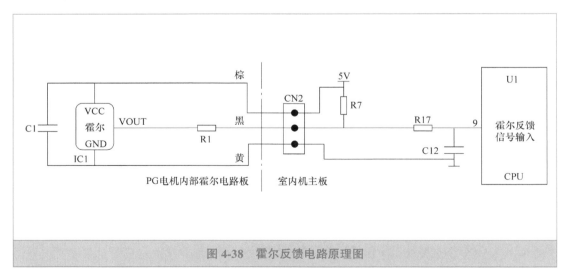

图 4-38　霍尔反馈电路原理图

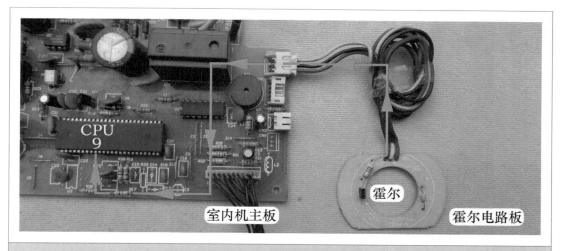

图 4-39 霍尔反馈电路实物图

交流变频空调器室外机电路

本章以海信 KFR-26GW/11BP 交流变频空调器室外机为基础，介绍室外机电控系统的组成和单元电路作用等。如本章中无特别注明，所有空调器型号均默认为海信 KFR-26GW/11BP。

第一节 基础知识

一、 电控系统组成

本节介绍海信 KFR-26GW/11BP 室外机电控系统的硬件组成和实物外形，并将主板插座、主板外围元器件、主板电子元器件标上代号，使电路原理图、实物外形——对应，将理论和实际结合在一起。

图 5-1 为室外机电控系统的电气接线图，图 5-2 为实物图（不含端子排、电感线圈 A、压缩机、室外风机、滤波器等体积较大的元器件）。

从图 5-2 上可以看出，室外机电控系统由室外机主板（控制板）、模块板（IPM 模块板）、滤波器、整流硅桥（电流硅桥）、电感线圈 A、电容、滤波电感（电感线圈 B）、压缩机、压缩机顶盖温度开关（压缩机热保护器）、室外风机（风扇电机）、四通阀线圈、室外环温传感器（外气）、室外管温传感器（盘管）、压缩机排气传感器（排气）和端子排组成。

图 5-3 为室外机主板电路原理图，图 5-4 为模块板电路原理图。

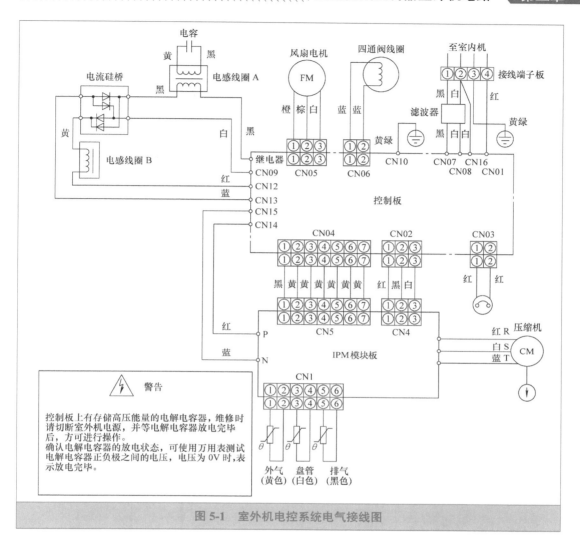

图 5-1 室外机电控系统电气接线图

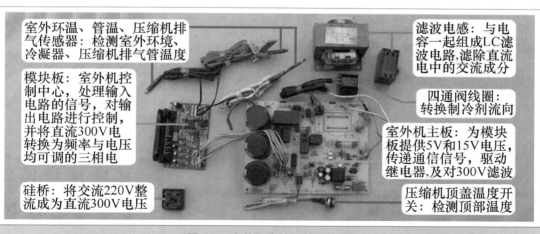

图 5-2 室外机电控系统实物图

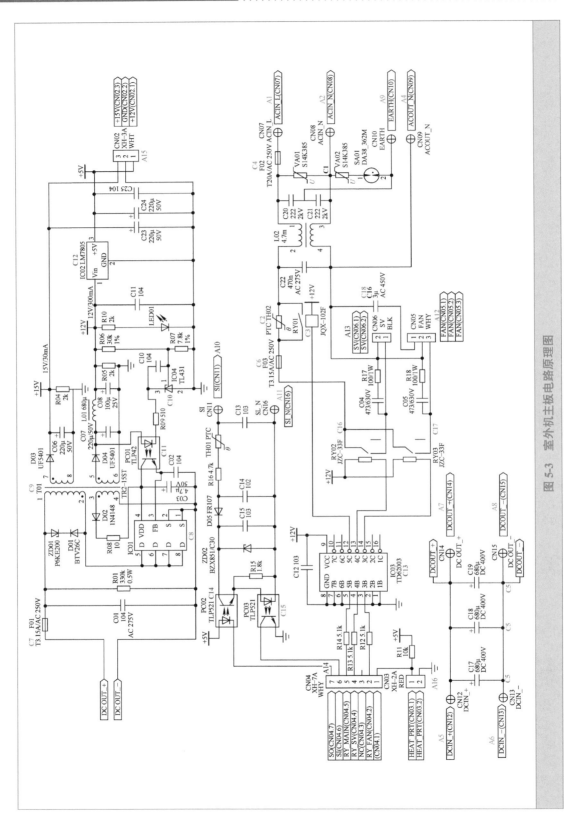

图 5-3　室外机主板电路原理图

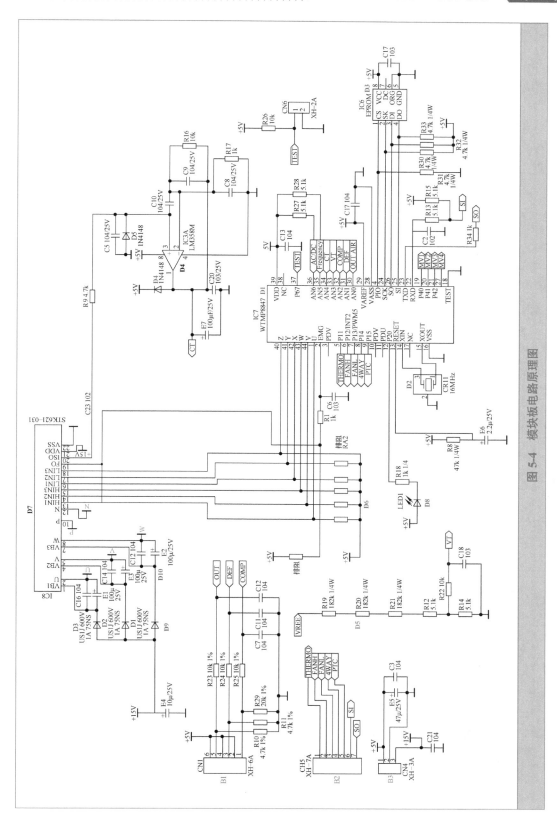

图 5-4 模块板电路原理图

二、 主板－模块板插座和电子元器件

表 5-1 为室外机主板和模块板插座明细，图 5-5 左图为室外机主板和引线，图 5-5 右图为模块板插座。

1. 室外机主板插座

室外机主板有供电才能工作，为主板供电有电源 L 端输入、电源 N 端输入、地线共 3 个端子；外围负载有室外风机、四通阀线圈、模块板、压缩机顶盖温度开关等，相对应设有室外风机插座、四通阀线圈插座、为模块板提供直流 15V 和 5V 电压的插座、压缩机顶盖温度开关插座；为了接收模块板的控制信号和传递通信信号，设有连接插座；为了和室内机主板交换信息，设有通信线；同时还要输出交流电为硅桥供电，相应设有 L 和 N 共 2 个输出端子；由于滤波电容设在室外机主板上，相应设有 2 个直流 300V 输入端子和 2 个直流 300V 输出端子。

2. 模块板插座

CPU 设计在模块板上，其有供电才能工作，弱电有直流 15V 和 5V 电压插座；为了和室外机主板交换信息，设有连接插座；外围负载有室外环温、室外管温、压缩机排气 3 个传感器，因此设有传感器插座；以及带有强制起动室外机电控系统的插座；模块输入强电有直流 300V 电压 P 和 N 共 2 个接线端子，模块输出有 U、V、W 连接压缩机线圈，共 3 个端子。

➡ 说明：

① 室外机主板插座代号以"A"开头，模块板插座以"B"开头，室外机主板电子元器件以"C"开头，模块板电子元器件以"D"开头。

② 室外机主板设计的插座，由模块板和主板功能决定，也就是说，室外机主板的插座没有固定规律，插座的设计形状由空调器机型决定。

表 5-1　室外机主板和模块板插座明细

标号	插座	标号	插座	标号	插座	标号	插座
A1	电源 L 输入	A6	接硅桥负极输出	A11	通信 N 线	A16	压缩机顶盖温度开关插座
A2	电源 N 输入	A7	滤波电容正极输出	A12	室外风机插座	B1	3 个传感器插座
A3	L 端去硅桥	A8	滤波电容负极输出	A13	四通阀线圈插座	B2	信号连接线插座
A4	N 端去硅桥	A9	地线	A14	信号连接线插座	B3	直流 15V 和 5V 插座
A5	接硅桥正极输出	A10	通信线	A15	直流 15V 和 5V 插座	B4	应急起动插座

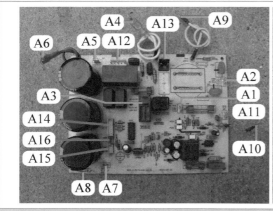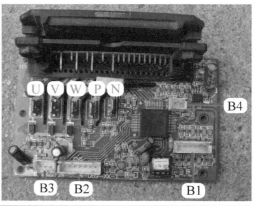

图 5-5　室外机主板和模块板插座

3. 主板 – 模块板电子元器件

表 5-2 为室外机主板和模块板上主要电子元器件明细，图 5-6 左图为室外机主板主要电子元器件，图 5-6 右图为模块板主要电子元器件。

表 5-2 室外机主板和模块板主要电子元器件明细

标号	元器件	标号	元器件	标号	元器件	标号	元器件
C1	压敏电阻	C8	开关电源集成电路	C15	接收光耦合器	D4	LM358
C2	PTC 电阻	C9	开关变压器	C16	室外风机继电器	D5	取样电阻
C3	主控继电器	C10	TL431	C17	四通阀线圈继电器	D6	排阻
C4	15A 熔丝管	C11	稳压光耦合器	C18	风机电容	D7	模块
C5	滤波电容	C12	7805 稳压块	D1	CPU	D8	发光二极管
C6	3.15A 熔丝管	C13	反相驱动器	D2	晶振	D9	二极管
C7	3.15A 熔丝管	C14	发送光耦合器	D3	存储器	D10	电容

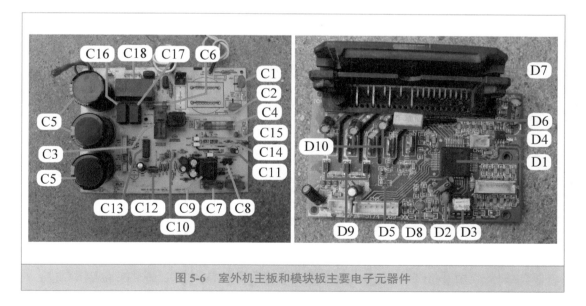

图 5-6 室外机主板和模块板主要电子元器件

4. 单元电路作用

本小节简单介绍海信 KFR-26GW/11BP 室外机的单元电路，图 5-7 为室外机单元电路框图，左侧为输入部分电路，右侧为输出部分电路。

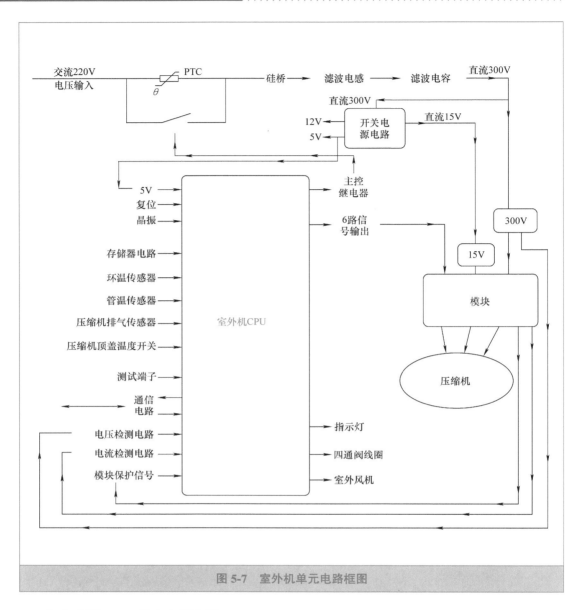

图 5-7　室外机单元电路框图

（1）交流 220V 输入电压电路

该电路的作用是过滤电网带来的干扰，以及在输入电压过高时保护后级电路，由外置交流滤波器、压敏电阻（C1）、15A 熔丝管（C4）、电感线圈和电容等元器件组成。

（2）直流 300V 电压形成电路

该电路的作用是将交流 220V 电压变为纯净的直流 300V 电压，由 PTC 电阻（C2）、主控继电器（C3）、硅桥、滤波电感、滤波电容（C5）和 15A 熔丝管（C4）等元器件组成。

（3）开关电源电路

该电路的作用是将直流 300V 电压转换成直流 15V、直流 12V 和直流 5V 电压，其中直流 15V 为模块（D7）内部控制电路供电（模块设有 15V 自举升压电路，主要元器件为二极管 D9 和电容 D10），直流 12V 为继电器和反相驱动器等供电，直流 5V 为 CPU 等供电。开关电源电路设计在室外机主板上，主要由 3.15A 熔丝管（C7）、开关电源集成电路（C8）、开关变压器（C9）、稳压光耦合器（C11）、稳压取样集成块 TL431（C10）和 5V 电压产生电路 7805（C12）等元器件组成。

（4）CPU 及其三要素电路

CPU（D1）是室外机电控系统的控制中心，处理输入部分电路的信号后对负载进行控制；CPU 三要素电路是 CPU 正常工作的前提，由复位电路和晶振（D2）等元器件组成。

（5）存储器电路

存储器电路存储相关参数，供 CPU 运行时调取使用，主要元器件为存储器（D3）。

（6）传感器电路

传感器电路为 CPU 提供温度信号。环温传感器检测室外环境温度，管温传感器检测冷凝器温度，压缩机排气传感器检测压缩机排气管温度，压缩机顶盖温度开关检测压缩机顶部温度是否过高。

（7）电压检测电路

电压检测电路向 CPU 提供输入市电电压的参考信号，主要元器件为取样电阻（D5）。

（8）电流检测电路

电流检测电路向 CPU 提供压缩机运行的电流信号，主要元器件为电流放大集成电路 LM358（D4）。

（9）通信电路

通信电路与室内机主板交换信息，主要元器件为发送光耦合器（C14）和接收光耦合器（C15）。

（10）主控继电器电路

滤波电容充电完成后，主控继电器（C3）触点闭合，短路 PTC 电阻。驱动主控继电器线圈的器件为 2003 反相驱动器（C13）。

（11）室外风机电路

室外风机电路控制室外风机的运行，主要由风机电容（C18）、室外风机继电器（C16）和室外风机等元器件组成。

（12）四通阀线圈电路

四通阀线圈电路控制四通阀线圈供电与断电，主要由四通阀线圈继电器（C17）等元器件组成。

（13）6 路信号电路

6 路信号控制模块内部 6 个 IGBT 开关管的导通与截止，使模块产生频率与电压均可调的模拟三相交流电，6 路信号由室外机 CPU 输出，直接连接模块的输入引脚，设有排阻（D6）。

（14）模块保护信号电路

模块保护信号由模块输出，直接送至室外机 CPU 的相关引脚。

（15）指示灯电路

指示灯电路的作用是指示室外机的工作状态，主要元器件为发光二极管（D8）。

第二节 直流 300V、开关电源和 CPU 三要素电路

一、 直流 300V 电路

1. 交流输入电路

图 5-8 为交流输入电路和直流 300V 电压形成电路的原理图，图 5-9 为交流输入电路实物图。

外置的交流滤波器具有双向作用，既能吸收电网中的谐波，防止对电控系统的干扰，又能防止电控系统的谐波进入电网；压敏电阻 VA01 为过电压保护元件，当输入的电网电压过高时击穿，使前端熔丝管 F02（15A）熔断进行保护；SA01、VA02 组成防雷击保护电路，SA01 为放电管。

常见故障为外置的交流滤波器内部电感开路，交流 220V 电压不能输送至后级，造成室外机上电无反应故障。

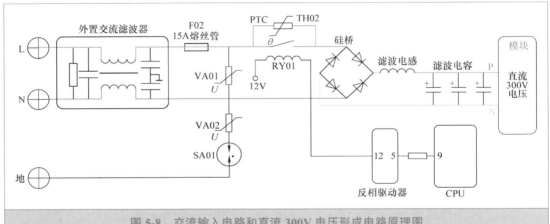

图 5-8 交流输入电路和直流 300V 电压形成电路原理图

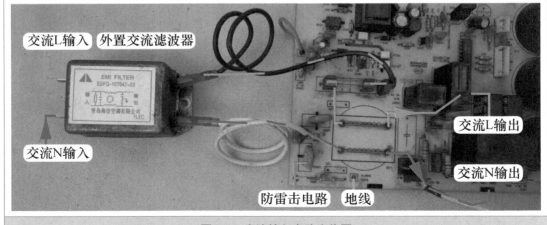

图 5-9 交流输入电路实物图

2．直流 300V 电压形成电路

直流 300V 电压为开关电源电路和模块供电，而模块的输出电压为压缩机供电，因而直流 300V 电压也间接为压缩机供电，因此直流 300V 电压形成电路工作在大电流状态，电路原理图参见图 5-8。

该电路的主要元器件为硅桥和滤波电容，硅桥将交流 220V 电压整流后变为脉动直流 300V 电压，而滤波电容将脉动直流 300V 电压经滤波后变为平滑的直流 300V 电压为模块供电。滤波电容的容量通常很大（本机容量为 1 500μF），上电时如果直接为其充电，初始充电电流会很大，容易造成空调器插头与插座间打火，甚至引起整流硅桥或 15A 供电熔丝管损坏，因此变频空调器室外机电控系统设有延时防瞬间大电流充电电路，本机由 PTC 电阻 TH02、主控继电器 RY01 组成。

直流 300V 电压形成电路工作时分为两个部分，第一部分为初始充电电路，第二部分为正常工作电路。

（1）初始充电

初始充电时工作流程见图 5-10。

室内机主板主控继电器触点闭合为室外机供电时，交流 220V 电压中的 N 端经交流滤波器直接送至硅桥交流输入端，L 端经交流滤波器和 15A 熔丝管至延时防瞬间大电流充电电路，由于主控继电器触点为断开状态，因此 L 端电压经 PTC 电阻 TH02 送至硅桥交流输入端。

PTC 电阻为正温度系数热敏电阻，阻值随温度上升而上升，刚上电时因充电电流很大，使 PTC 电阻温度迅速升高，阻值也随之增加，限制了滤波电容的充电电流，使得滤波电容两端电压逐步上升至直流 300V，防止由于充电电流过大而损坏硅桥。

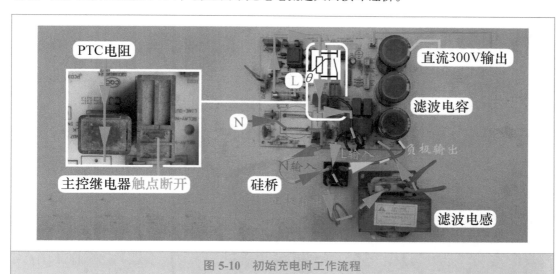

图 5-10　初始充电时工作流程

（2）正常运行

正常运行时工作流程见图 5-11。

滤波电容两端的直流 300V 电压 1 路送到模块的 P、N 端子，1 路送到开关电源电路，开关电源电路开始工作，输出支路中的其中 1 路输出直流 12V 电压，经 7805 稳压块后变为稳定的直流 5V，为室外机 CPU 供电，在三要素电路的作用下 CPU 工作，其 ⑨ 脚输出高电平

5V 电压，经反相驱动器反相放大，驱动主控继电器 RY01 线圈，线圈得电使触点闭合，L 端电压经触点直接送至硅桥的交流输入端，PTC 电阻退出充电电路，空调器开始正常工作。

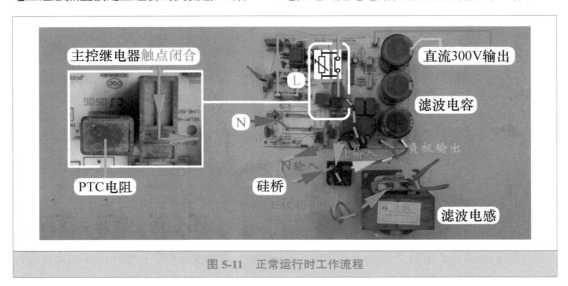

图 5-11　正常运行时工作流程

（3）主控继电器触点闭合时间

室内机主板向室外机输出供电后，首先对滤波电容进行充电，开关电源电路工作，CPU 工作，主控继电器触点闭合，这些步骤只需要 3s 左右的时间。也就是说，室内机主板输出供电后，在室外机电控系统正常时，约 3s 时即能听到主控继电器触点闭合的声音。

二、　开关电源电路

1. 作用

本机使用开关电源电路，电路简图见图 5-12，开关电源电路也可称为电压转换电路，就是将输入的直流 300V 电压转换为直流 12V 和 5V 为主板 CPU 等负载供电，以及转换为直流 15V 电压为模块内部控制电路供电。

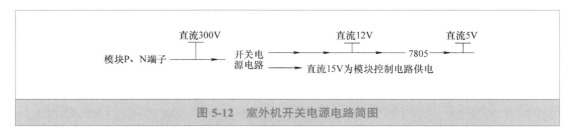

图 5-12　室外机开关电源电路简图

2. 工作原理

图 5-13 为开关电源电路原理图，图 5-14 为其实物图，作用是为室外机主板和模块板提供直流 15V、12V、5V 电压。

（1）直流 300V 电压

外置交流滤波器、PTC 电阻、主控继电器触点、硅桥、滤波电感和滤波电容组成直流

300V 电压产生电路，输出的直流 300V 电压主要为模块 P、N 端子供电，开关电源电路工作所需的直流 300V 电压就是取自滤波电容输出端子。

模块输出供电，使压缩机工作，处于低频运行时模块 P、N 端子电压约为直流 300V；压缩机如升频运行，P、N 端子电压会逐步下降，压缩机在最高频率运行时，P、N 端子电压实测约为 240V，因此室外机开关电源电路供电在直流 240 ～ 300V 之间。

（2）开关振荡电路

以 VIPer22A 开关电源集成电路（主板代号 IC01）为核心，内置振荡电路和场效应开关管，振荡开关频率固定，通过改变脉冲宽度来调整占空比。其采用反激式开关方式，电网的干扰就不能经开关变压器直接耦合至二次绕组，具有较好的抗干扰能力。

直流 300V 电压正极经开关变压器一次供电绕组送至集成电路 IC01 的 ⑤～⑧ 脚，接内部开关管漏极 D；300V 电压负极接 IC01 的 ①、② 脚，和内部开关管源极 S 相通。IC01 内部振荡器开始工作，驱动开关管的导通与截止，由于开关变压器 T01 一次供电绕组与二次绕组极性相反，IC01 内部开关管导通时一次绕组存储能量，二次绕组因整流二极管 D03、D04 承受反向电压而截止，相当于开路；IC01 内部开关管截止时，T01 一次绕组极性变换，二次绕组极性同样变换，D03、D04 正向偏置导通，一次绕组向二次绕组释放能量。

ZD01、D01 组成钳位保护电路，吸收开关管截止时加在漏极 D 上的尖峰电压，并将其降至一定的范围之内，防止过电压损坏开关管。

开关变压器一次侧反馈绕组的感应电压经二极管 D02 整流、电阻 R08 限流、电容 C03 滤波，得到约直流 20V 电压，为 IC01 的 ④ 脚内部电路供电。

（3）输出部分电路

IC01 内部开关管交替导通与截止，开关变压器二次绕组得到高频脉冲电压。

1 路经 D03 整流，电容 C06、C23 滤波，成为纯净的直流 15V 电压，经连接线送至模块板，为模块的内部控制电路和驱动电路供电。

1 路经 D04 整流，电容 C07、C08、C11 和电感 L01 滤波，成为纯净的直流 12V 电压，为室外机主板的继电器和反相驱动器等供电。

直流 12V 电压的其中 1 个支路送至 7805 的 ① 脚输入端，其 ③ 脚输出端输出稳定的 5V 电压，由 C24、C25 滤波后，经连接线送至模块板，为模块板上的 CPU 和弱电信号处理电路供电。

注：海信 KFR-26GW/11BP 室外机使用型号为三洋 STK621-031 单电源模块驱动压缩机，因此开关电源只输出 1 路直流 15V 电压；而海信 KFR-2601GW/BP 使用三菱第二代模块，需要 4 路相互隔离的直流 15V 电压，因此其室外机开关电源电路输出 4 路直流 15V 电压。

（4）稳压电路

稳压电路采用脉宽调制方式，由分压精密电阻 R06 和 R07、三端误差放大器 IC04（TL431）、光耦合器 PC01 和 IC01 的③脚组成。

如因输入电压升高或负载发生变化引起直流 12V 电压升高，分压电阻 R06 和 R07 的分压点电压升高，TL431 的①脚参考极电压也相应升高，内部晶体管导通能力加强，TL431 的③脚阴极电压降低，光耦合器 PC01 初级两端电压上升，使得次级光敏晶体管导通能力加强，IC01 的③脚电压上升，IC01 通过减少开关管的占空比，开关管导通时间缩短而截止时间延长，开关变压器存储的能量变小，输出电压也随之下降。

如直流 12V 输出电压降低，TL431 的 ① 脚参考极电压降低，内部晶体管导通能力变弱，TL431 的 ③ 脚阴极电压升高，光耦合器 PC01 初级发光二极管两端电压降低，次级光敏晶体管导通能力下降，IC01 的 ③ 脚电压下降，IC01 通过增加开关管的占空比，开关变压器存储能量增加，输出电压也随之升高。

（5）输出电压直流 12V

输出电压直流 12V 的高低，由分压电阻 R06、R07 的阻值决定，调整分压电阻阻值即可改变直流 12V 输出端电压，直流 15V 也做相应变化。

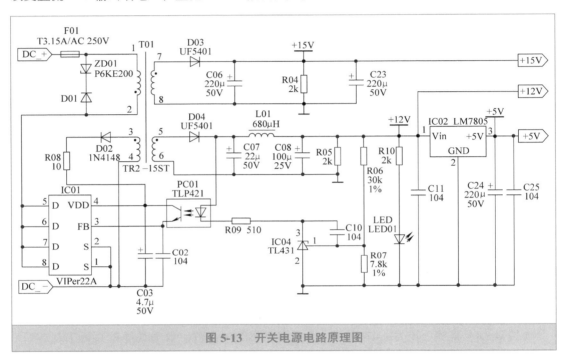

图 5-13　开关电源电路原理图

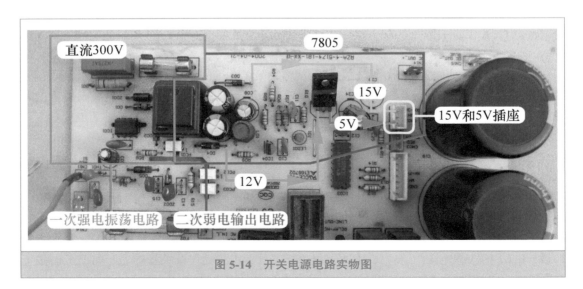

图 5-14　开关电源电路实物图

3. 电源电路负载

（1）直流12V

直流12V主要有3个支路：① 5V电压产生电路7805稳压块的①脚输入端；② 2003反相驱动器；③继电器线圈，见图5-15左图。

（2）直流15V

直流15V主要为模块内部控制电路供电，见图5-15右图中的浅蓝色走线。

（3）直流5V

直流5V主要有6个支路：① CPU；②复位电路；③传感器电路；④存储器电路；⑤通信电路光耦合器；⑥其他弱电信号处理电路，见图5-15右图中粉红色走线。

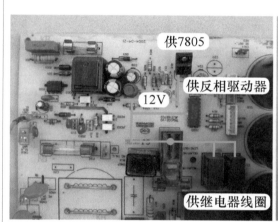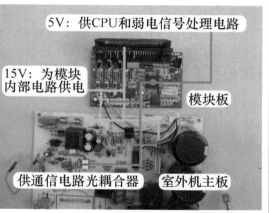

图5-15　开关电源电路负载

三、　CPU及其三要素电路

1. CPU简介

CPU是主板上体积最大、引脚最多、功能最强大的集成电路，也是整个电控系统的控制中心，内部写入了运行程序（或工作时调取存储器中的程序）。

室外机CPU工作时与室内机CPU交换信息，并结合温度、电压、电流等输入部分的信号，处理后输出6路信号驱动模块控制压缩机运行，输出电压驱动继电器对室外风机和四通阀线圈进行控制，并驱动指示灯显示室外机的运行状态。

本机室外机CPU型号为88CH47FG，主板代号IC7，共有44个引脚在四面引出，采用贴片封装。图5-16为88CH47FG实物外形，表5-3为其主要引脚功能。

本机CPU安装在模块板上面，相应的弱电信号处理电路也设计在模块板上面，主要原因是模块内部的驱动电路改用专用芯片，无需绝缘光耦合器，可直接接收CPU输出的6路信号。

图 5-16 88CH47FG 实物外形

表 5-3 88CH47FG 主要引脚功能

引脚	英文符号	功能	说　明
㊴	VDD	电源	CPU 三要素电路
⑯	VSS	地	
⑭	OSC1（XIN）	16MHz 晶振	
⑮	OSC2（XOUT）		
⑬	RESET	复位	
④	CS（PIO）	片选	存储器电路（93C46）
㉔	SCK	时钟	
㉖	SO	命令输出	
㉕	SI	数据输入	
㉒	SI 或 RXD	接收信号	通信电路
㉓	SO 或 TXD	发送信号	
㉚	GAIKI（AN0）	室外环温传感器输入	输入部分电路
㉛	COIL（AN1）	室外管温传感器输入	
㉜	COMP（AN2）	压缩机排气传感器输入	
⑤	THERMO（P11）	压缩机顶盖温度开关	
㉝	VT（AN3）	过/欠电压检测	
㉞	CT（AN4）	电流检测	
㊲	TEST（AN7）	应急检测端子	
②	FO（EMG）	模块保护信号输入	
㊵ ~ ㊸、①	U、V、W、X、Y、Z	模块 6 路信号输出	输出部分电路
⑨		主控继电器	
⑧	SV 或 4V	四通阀线圈	
⑥、⑦	FAN	室外风机	
⑫	LED	指示灯	

2. CPU 三要素电路工作原理

图 5-17 为 CPU 三要素电路原理图，图 5-18 为其实物图。电源、复位、时钟振荡电路称为三要素电路，是 CPU 正常工作的前提，缺一不可，否则会死机，引起空调器上电后室外机无反应的故障。

（1）电源电路

开关电源电路设计在室外机主板，直流 5V 和 15V 电压由 3 芯连接线通过 CN4 插座为模块板供电。CN4 的①针接红线为 5V，②针接黑线为地，③针接白线为 15V。

CPU ㊴ 脚是电源供电引脚，供电由 CN4 的 ① 针直接提供。

CPU ⑯ 脚为接地引脚，和 CN4 的②针相连。

（2）复位电路

复位电路使内部程序处于初始状态。本机未使用复位集成电路，而是使用简单的 RC 元件组成复位电路。CPU ⑬ 脚为复位引脚，电阻 R8 和电容 E6 组成低电平复位电路。

室外机上电，开关电源电路开始工作，直流 5V 电压经电阻 R8 为 E6 充电，开始时 CPU ⑬ 脚电压较低，使 CPU 内部电路清零复位；随着充电的进行，E6 电压逐渐上升，当 CPU ⑬ 脚电压上升至供电电压 5V 时，CPU 内部电路复位结束开始工作。

（3）时钟振荡电路

时钟振荡电路提供时钟频率。CPU 的 ⑭、⑮ 脚为时钟引脚，内部振荡器电路与外接的晶振 CR11 组成时钟振荡电路，提供稳定的 16MHz 时钟信号，使 CPU 能够连续执行指令。

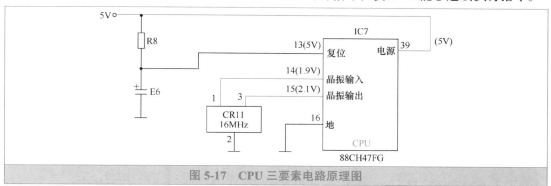

图 5-17 CPU 三要素电路原理图

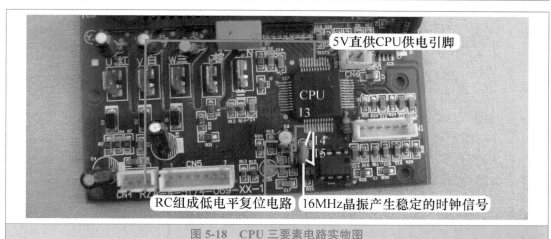

图 5-18 CPU 三要素电路实物图

123

第三节　输入部分电路

一、存储器电路

图 5-19 为存储器电路原理图，图 5-20 为其实物图，该电路的作用是向 CPU 提供工作时所需要的数据。存储器内部存储室外机的运行程序、压缩机的 U/f 值、电流和电压保护值等数据，CPU 工作时调取存储器的数据对室外机电路进行控制。

CPU 需要读写存储器的数据时，④ 脚变为高电平 5V，用于片选存储器 IC6 的 ① 脚，㉔ 脚向 IC6 的 ② 脚发送时钟信号，㉖ 脚将需要查询数据的指令输入到 IC6 的 ③ 脚，㉕ 脚读取 IC6 的 ④ 脚反馈的数据。

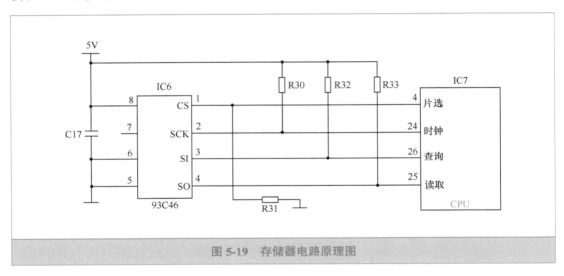

图 5-19　存储器电路原理图

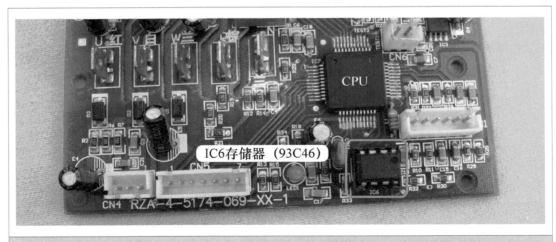

图 5-20　存储器电路实物图

二、传感器电路

传感器电路向室外机 CPU 提供室外环境温度、冷凝器温度和压缩机排气管温度共 3 种温度信号。

1. 室外环温传感器

图 5-21 为室外环温传感器的安装位置和实物外形。

① 该电路的作用是检测室外环境温度，由室外环温传感器（25℃/5kΩ）和分压电阻 R10（4.7 kΩ 电阻）等元器件组成。

② 在制热模式，与室外管温传感器温度组成进入除霜的条件。

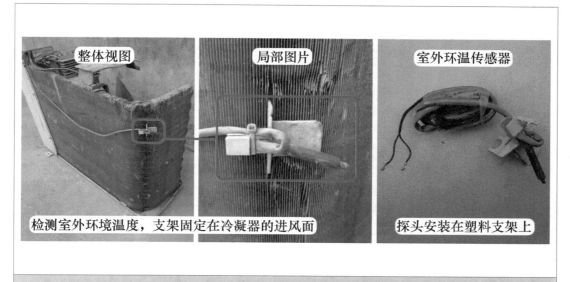

图 5-21　室外环温传感器的安装位置和实物外形

2. 室外管温传感器

图 5-22 为室外管温传感器的安装位置和实物外形。

① 该电路的作用是检测冷凝器温度，由室外管温传感器（25℃/5kΩ）和分压电阻 R11（4.7 kΩ 电阻）等元器件组成。

② 在制冷模式，判定冷凝器过载。当室外管温 ≥ 70℃时，压缩机停机；当室外管温 ≤ 50℃时，3min 后自动开机。

③ 在制热模式，与室外环温传感器温度组成进入除霜的条件。空调器运行一段时间（约 40min），室外环温 > 3℃时，室外管温 ≤ –3℃，且持续 5min；或室外环温 < 3℃时，室外环温 – 室外管温 ≥ 7℃，且持续 5min。

④ 在制热模式，判断退出除霜的条件。当室外管温 > 12℃时或压缩机运行时间超过 8min。

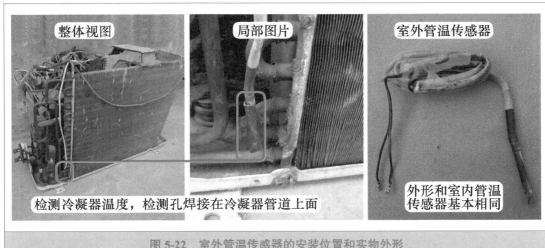

图 5-22 室外管温传感器的安装位置和实物外形

3. 压缩机排气传感器

图 5-23 为压缩机排气传感器的安装位置和实物外形。

① 该电路的作用是检测压缩机排气管温度，由压缩机排气传感器（25℃ /65kΩ）和分压电阻 R29（20kΩ 电阻）等元器件组成。

② 在制冷和制热模式，压缩机排气管温度≤ 93℃时，压缩机正常运行；93℃＜压缩机排气温度＜ 115℃时，压缩机运行频率被强制设定在规定的范围内或者降频运行；压缩机排气管温度＞ 115℃时，压缩机停机；只有当压缩机排气管温度下降到≤ 90℃时，才能再次开机运行。

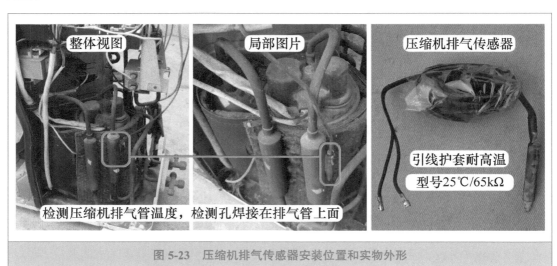

图 5-23 压缩机排气传感器安装位置和实物外形

4. 传感器电路工作原理

图 5-24 为传感器电路原理图，图 5-25 为其实物图，该电路的作用是向室外机 CPU 提供温度信号，室外环温传感器检测室外环境温度，室外管温传感器检测冷凝器温度，压缩机排

气传感器检测压缩机排气管温度。

　　CPU 的 ㉚ 脚检测室外环温传感器温度，㉛ 脚检测室外管温传感器温度，㉜ 脚检测压缩机排气传感器温度。

　　传感器为负温度系数（NTC）热敏电阻，室外机 3 路传感器工作原理相同，均为传感器与偏置电阻组成分压电路。以压缩机排气传感器电路为例，如压缩机排气管由于某种原因温度升高，压缩机排气传感器温度也相应升高，其阻值变小，根据分压电路原理，分压电阻 R29 分得的电压也相应升高，输送到 CPU ㉜ 脚的电压升高，CPU 根据电压值计算出压缩机排气管的实际温度，与内置的程序相比较，对室外机电路进行控制，假如计算得出的温度大于 100℃，则控制压缩机降频，如大于 115℃ 则控制压缩机停机，并将故障代码通过通信电路传送到室内机主板 CPU。

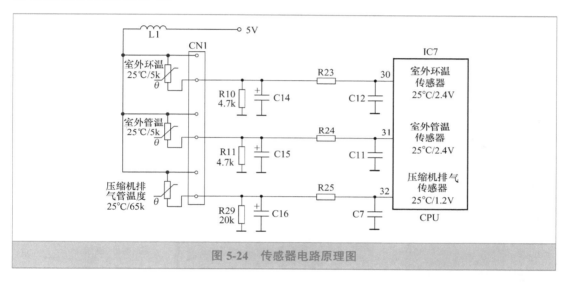

图 5-24　传感器电路原理图

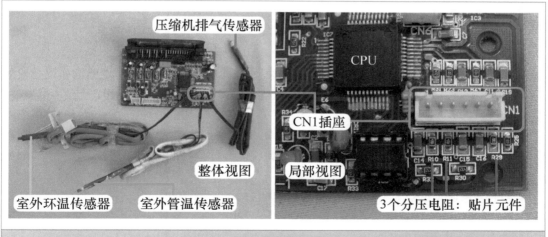

图 5-25　传感器电路实物图

三、 压缩机顶盖温度开关电路

1. 作用

压缩机运行时壳体温度如果过高，内部机械部件会加剧磨损，压缩机线圈绝缘层容易因过热击穿发生短路故障。室外机 CPU 检测压缩机排气传感器温度，如果高于 90℃则会控制压缩机降频运行，使温度降到正常范围以内。

为防止压缩机过热，室外机电控系统还设有压缩机顶盖温度开关作为第二道保护，其安装位置和实物外形见图 5-26，作用是即使压缩机排气传感器损坏，压缩机运行时如果温度过高，室外机 CPU 也能通过顶盖温度开关检测。

顶盖温度开关检测压缩机顶部温度，正常情况下温度开关触点闭合，对室外机电路运行没有影响；当压缩机顶部温度超过 115℃时，温度开关触点断开，室外机 CPU 检测后控制压缩机停止运行，并通过通信电路将信息传送至室内机主板 CPU，报出"压缩机过热"的故障代码。

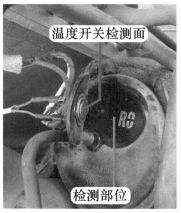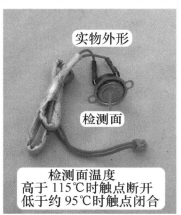

图 5-26 压缩机顶盖温度开关的安装位置和实物外形

2. 工作原理

图 5-27 为压缩机顶盖温度开关电路原理图，图 5-28 为其实物图，该电路的作用是检测压缩机顶盖温度开关状态，温度开关安装在压缩机顶部接线端子附近，用于检测顶部温度，作为压缩机的第二道保护。

温度开关插座设计在室外机主板上，CPU 安装在模块板上，温度开关通过室外机主板和模块板连接线的①号线连接至 CPU 的⑤脚，CPU 根据引脚电压为高电平或低电平，检测温度开关的状态。

制冷系统工作正常时温度开关触点为闭合状态，CPU ⑤脚接地，电压为低电平 0V，对电路没有影响；如果运行时压缩机排气传感器失去作用或其他原因，使得压缩机顶部温度大于 115℃，温度开关触点断开，5V 经 R11 为 CPU ⑤脚供电，电压由 0V 变为高电平 5V，CPU 检测后立即控制压缩机停机，并将故障代码通过通信电路传送至室内机 CPU。

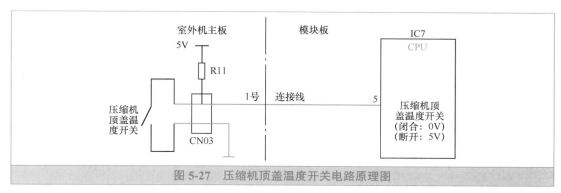

图 5-27 压缩机顶盖温度开关电路原理图

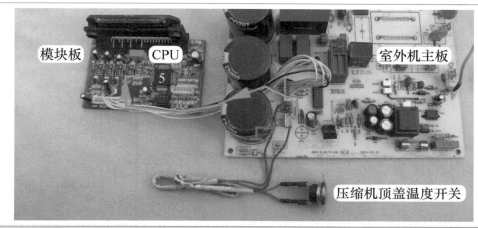

图 5-28 压缩机顶盖温度开关电路实物图

3. 常见故障

该电路的常见故障是温度开关在静态（即压缩机未起动）时触点为断开状态，引起室外机不能运行的故障。

检测时使用万用表电阻档测量引线插头，见图 5-29，正常阻值为 0Ω；如果实测为无穷大，则为温度开关损坏，应急时可将引线剥开，直接短路使用，待有配件时再更换。

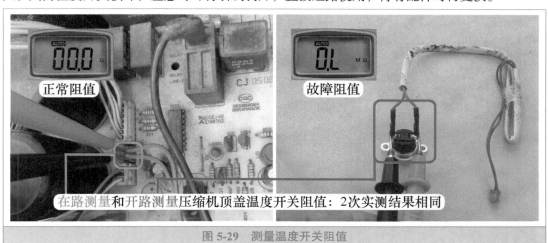

图 5-29 测量温度开关阻值

四、 测试端子

1. 测试功能

模块板上的 CN6 为测试端子插座，作用是在无室内机电控系统时，可以单独检测室外机电控系统运行是否正常。方法是在室外机接线端子处断开室内机的连接线，使用连接线（或使用螺钉旋具头等金属物）短路插座的 2 个端子，然后再接通电源，室外机电控系统不再检测通信信号并强制开机，压缩机定频运行，室外风机运行，四通阀线圈上电，空调器工作在制热模式；如果此时断开 CN6 插座的短接线，四通阀线圈断电，压缩机延时 50s 后运行，室外风机不间断运行，空调器改为制冷模式；断开电源，空调器停止运行。

2. 工作原理

图 5-30 为测试端子电路原理图，图 5-31 为其实物图。CPU ㊲ 脚为测试引脚，正常时由 5V 电压经电阻 R26 供电，为高电平 5V；如果使用测试功能短路 CN6 的 2 个引针时，㊲ 脚接地为低电平 0V。

室外机上电，CPU 上电复位结束开始工作，首先检测 ㊲ 脚电压，如果为高电平 5V，则控制处于待机状态，根据通信信号接收引脚的信息，按室内机 CPU 输出的命令对室外机进行控制；如果为低电平 0V，则不再检测通信信号，按测试功能控制室外机。

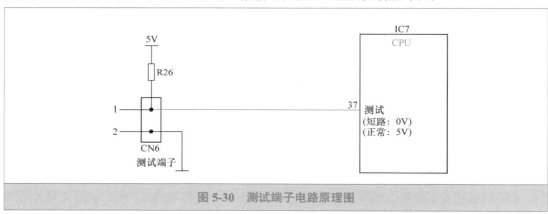

图 5-30　测试端子电路原理图

图 5-31　测试端子电路实物图

五、 电压检测电路

1. 作用

空调器在运行过程中，如输入电压过高，相应直流 300V 电压也会升高，容易引起模块或室外机主板过热、过电流或过电压损坏；如输入电压过低，制冷量下降达不到设计的要求。因此室外机主板设置电压检测电路，CPU 检测输入的交流电源电压，在过高（超过交流 260V）或过低（低于交流 160V）时停机进行保护。

2. 工作原理

图 5-32 为电压检测电路原理图，图 5-33 为其实物图，表 5-4 为交流输入电压与 CPU 引脚电压对应关系。该电路的作用是计算输入的交流电源电压，当电压高于交流 260V 或低于 160V 时停机，以保护压缩机和模块等部件。

本机电路未使用电压检测变压器等元器件检测输入的交流电压，而是通过电阻检测直流 300V 母线电压，通过软件计算出实际的交流电压值，参照的原理是交流电压经整流和滤波后，乘以固定的比例（近似 1.36）即为输出直流电压，即交流电压乘以 1.36 即等于直流电压数值。CPU 的 ㉝ 脚为电压检测引脚，根据引脚电压值计算出输入的交流电压值。

电压检测电路由电阻 R19、R20、R21、R22、R12、R14 和电容 C4、C18 组成，从图 5-32 可以看出，基本工作原理就是分压电路，取样点为 P 接线端子上的直流 300V 母线电压，R19、R20、R21、R12 为上偏置电阻，R14 为下偏置电阻，R14 的阻值在分压电路所占的比例为 $1/109[R_{14}/（R_{19}+R_{20}+R_{21}+R_{12}+R_{14}）$，即 5.1/（182+182+182+5.1+5.1）]，R14 两端电压经电阻 R22 送至 CPU ㉝ 脚，也就是说，CPU ㉝ 脚电压值乘以 109 等于直流电压值，再除以 1.36 就是输入的交流电压值。比如 CPU ㉝ 脚当前电压值为 2.75V，则当前直流电压值为 299V（2.75V × 109），当前输入的交流电压值为 220V（299V ÷ 1.36）。

压缩机高频运行时，即使输入电压为标准的交流 220V，直流 300V 电压也会下降至直流 240V 左右；为防止误判，室外机 CPU 内部数据设有修正程序。

➡ 说明：室外机电控系统使用热地设计，直流 300V "地" 和直流 5V "地" 直接相连。

表 5-4　CPU 引脚电压与交流输入电压对应关系

CPU ㉝ 脚直流电压 /V	对应 P 接线端子上的直流电压 / V	对应输入的交流电压 /V	CPU ㉝ 脚直流电压 /V	对应 P 接线端子上的直流电压 / V	对应输入的交流电压 /V
1.87	204	150	2	218	160
2.12	231	170	2.2	245	180
2.37	258	190	2.5	272	200
2.63	286	210	2.75	299	220
2.87	312	230	3	326	240
3.13	340	250	3.23	353	260

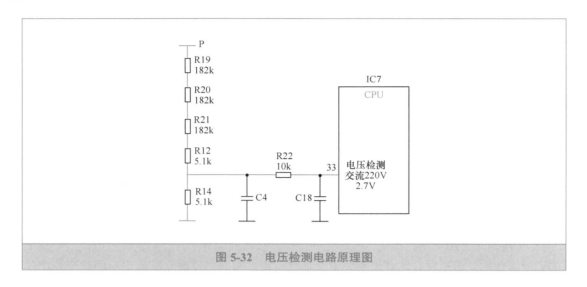

图 5-32　电压检测电路原理图

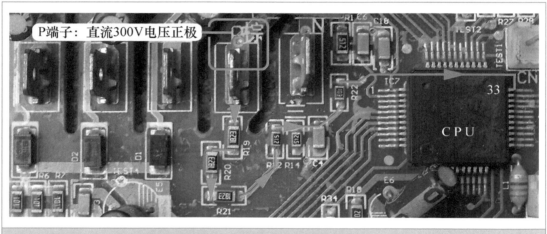

图 5-33　电压检测电路实物图

1. 作用

空调器在运行过程中，由于某种原因（如冷凝器散热不良），引起室外机运行电流（主要是压缩机运行电流）过大，则容易损坏压缩机，因此变频空调器室外机主板均设有电流检测电路，在运行电流过高时进行保护。

2. 工作原理

图 5-34 为电流检测电路原理图，图 5-35 为其实物图，表 5-5 为运行电流与 CPU 引脚电压的对应关系。该电路的作用是检测压缩机运行电流，当 CPU 的检测值高于设定值（制冷10A、制热 11A）时停机，以保护压缩机和模块等部件。

本机电路未使用电流检测变压器或电流互感器检测交流供电引线的电流，而是模块内部取样电阻输出的电压，并将电压信号放大，供 CPU 检测。

电流检测电路由模块 ⑳ 脚、IC3（LM358M）、滤波电容 E7 等主要元器件组成，CPU 的 ㉞ 脚检测电流信号。

本机模块内部设有取样电阻，将模块工作电流（可以理解为压缩机运行电流）转化为电压信号由 ⑳ 脚输出，由于电压值较低，没有直接送至 CPU 处理，而是送至运算放大器 IC3（LM358M）的 ③ 脚同相输入端进行放大，IC3 将电压放大 10 倍（放大倍数由电阻 R16/R17 阻值决定），再由 IC3 的 ① 脚输出至 CPU 的 ㉞ 脚，CPU 内部软件根据电压值计算出对应的压缩机运行电流，对室外机进行控制。假如 CPU 根据电压值计算出当前压缩机的运行电流在制冷模式下大于 10A，判断为"过电流故障"，控制室外机停机，并将故障代码通过通信电路传送至室内机 CPU。

本机模块由日本三洋公司生产，型号为 STK621-031，内部 ⑳ 脚集成取样电阻，将模块运行的电流信号转化为电压信号，万用表电阻档实测模块 ⑳ 脚与 N 接线端子的阻值小于 1Ω（近似 0Ω）。

表 5-5 运行电流与 CPU 引脚电压的对应关系

运行电流	CPU ㉞ 脚电压	运行电流	CPU ㉞ 脚电压
1A	0.2V	6A	1.2V
3A	0.6V	8A	1.6V

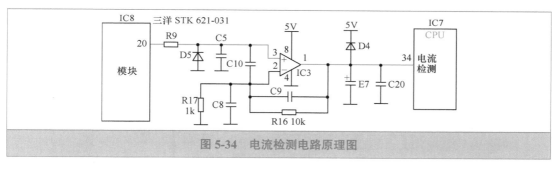

图 5-34 电流检测电路原理图

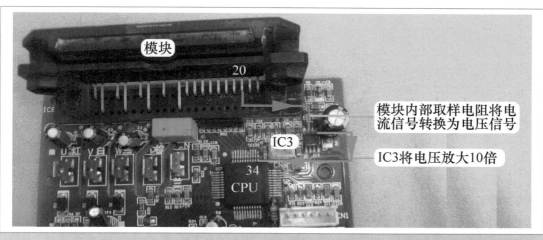

图 5-35 电流检测电路实物图

七、 模块保护电路

1. 作用

模块内部使用智能控制电路，不仅处理室外机 CPU 输出的 6 路信号，而且设有保护电路，其示意图见图 5-36，当模块内部控制电路检测到直流 15V 电压过低、基板温度过高、运行电流过大或内部 IGBT 开关管短路引起电流过大故障时，均会关断 IGBT 开关管，停止处理 6 路信号，同时模块保护 FO 引脚变为低电平，室外机 CPU 检测后判断为"模块故障"，停止输出 6 路信号，控制室外机停机，并将故障代码通过通信电路传送至室内机 CPU。

① 控制电路供电电压欠电压保护：模块内部控制电路使用外接的直流 15V 电压供电，当电压低于直流 12.5V 时，模块驱动电路停止工作，不再处理 6 路信号，同时输出保护信号至室外机 CPU。

② 过热保护：模块内部设有温度传感器，如果检测基板温度超过设定值（约 110℃），模块驱动电路停止工作，不再处理 6 路信号，同时输出保护信号至室外机 CPU。

③ 过电流保护：模块工作时如内部电路检测 IGBT 开关管电流过大，模块驱动电路停止工作，不再处理 6 路信号，同时输出保护信号至室外机 CPU。

④ 短路保护：如负载发生短路、室外机 CPU 出现故障、模块被击穿时，IGBT 开关管的上、下臂同时导通，模块检测到后控制驱动电路停止工作，不再处理 6 路输入信号，同时输出保护信号至室外机 CPU。

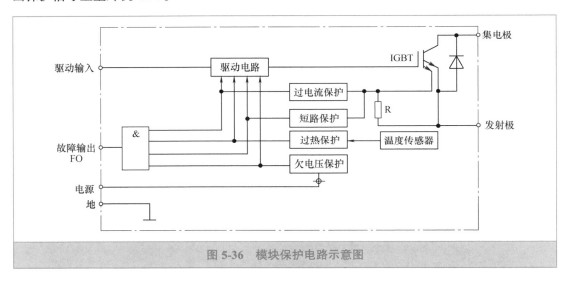

图 5-36 模块保护电路示意图

2. 工作原理

图 5-37 为模块保护电路原理图，图 5-38 为其实物图。

本机模块 ⑲ 脚为 FO 保护信号输出引脚，CPU 的 ② 脚为模块保护信号检测引脚。模块保护输出引脚为集电极开路型设计，正常情况下此脚与外围电路不相连，CPU ② 脚和模块 ⑲ 脚通过排阻 RA2 中代号为 R1 的电阻（4.7kΩ）连接至 5V，因此模块正常工作即没有输出保护信号时，CPU ② 脚和模块 ⑲ 脚的电压均为 5V。

如果运行或待机时模块内部电路检测到上述 4 种保护，将停止处理 6 路信号，同时

⑲ 脚接地，CPU ② 脚经电阻 R1、模块 ⑲ 脚与地相连，电压由高电平 5V 变为低电平（约 0V），CPU 内部电路检测到后停止输出 6 路信号，停机进行保护，并将故障代码通过通信电路传送至室内机 CPU。

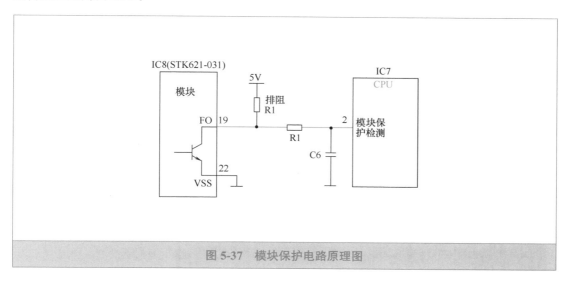

图 5-37 模块保护电路原理图

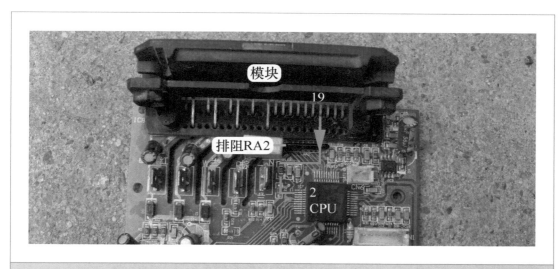

图 5-38 模块保护电路实物图

3. 电路说明

三洋 STK621-031 模块内部保护电路工作原理和三菱 PM20CTM60 模块基本相同，只不过本机模块内部接口电路使用专用芯片，可以直接连接 CPU 引脚，中间不需要光耦合器；而三菱 PM20CTM60 属于第二代模块，引脚不能和 CPU 相连，中间需要光耦合器传递信号。

三菱第三代和后续系列模块内部接口电路也使用专用芯片，同样可以直接连接 CPU 引脚，和本机模块相同。

第四节　输出部分电路

一、　指示灯电路

1. 作用

该电路的作用是显示室外机电控系统的工作状态，本机只设计 1 个指示灯，只能以闪烁的次数表示相关内容。

室外机指示灯控制程序：待机状态下以指示灯闪烁的次数表示故障内容，如闪烁 1 次为室外环温传感器故障，闪烁 5 次为通信故障；运行时以闪烁的次数表示压缩机限频因素，如闪烁 1 次表示正常运行（无限频因素），闪烁 2 次表示为电源电压限制，闪烁 5 次表示为压缩机排气管温度限制。

➡ 说明：一个指示灯显示故障代码时，上一个显示周期和下一个显示周期中间有较长时间的间隔，而闪烁时的间隔时间则比较短，可以看出指示灯闪烁的次数；如果室外机主板设有 2 个或 2 个以上指示灯，则以亮、灭、闪的组合显示故障代码。

2. 工作原理

图 5-39 左图为指示灯电路原理图，图 5-39 右图为其实物图。

CPU 的 ⑫ 脚驱动指示灯点亮或熄灭，引脚为高电平 4.5V 时，指示灯 LED1 熄灭；引脚为低电平 0.1V 时，指示灯两端电压为 1.7V，处于点亮状态；CPU 的 ⑫ 脚电压为 0.1V~4.5V~0.1V~4.5V 交替变化时，指示灯表现为闪烁显示，闪烁的次数由 CPU 决定。

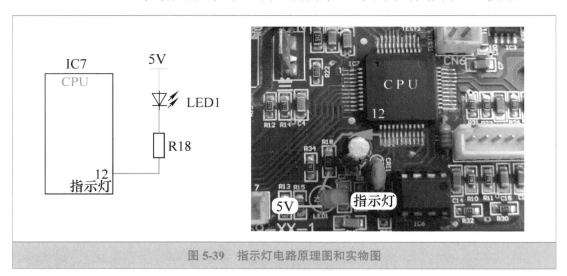

图 5-39　指示灯电路原理图和实物图

二、　主控继电器电路

1. 作用

主控继电器为室外机供电，并与 PTC 电阻组成延时防瞬间大电流充电电路，对直流

300V 滤波电容充电。上电初期，交流电源经 PTC 电阻、硅桥为滤波电容充电，两端的直流 300V 电压为开关电源电路供电，开关电源电路工作后输出电压，其中的一路直流 5V 为室外机 CPU 供电，CPU 工作后控制主控继电器触点闭合，由主控继电器触点为室外机供电。

2. 工作原理

图 5-40 为主控继电器电路原理图，图 5-41 为其实物图，电路由 CPU ⑨ 脚、限流电阻 R14、反相驱动器 IC03 的 ⑤ 脚和 ⑫ 脚以及主控继电器 RY01 组成。

CPU 需要控制 RY01 触点闭合时，⑨脚输出高电平 5V 电压，经电阻 R14 限流后电压为 2.5V，送到 IC03 的⑤脚，使反相驱动器内部电路翻转，⑫脚电压变为低电平（约 0.8V），主控继电器 RY01 线圈电压为直流 11.2V，产生电磁吸力，使触点 3-4 闭合。

CPU 需要控制 RY01 触点断开时，⑨脚变为低电平 0V，IC03 的 ⑤ 脚电压也为 0V，内部电路不能翻转，⑫脚不能接地，RY01 线圈电压为 0V，由于不能产生电磁吸力，触点 3-4 断开。

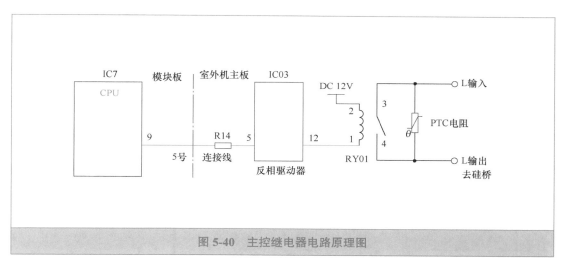

图 5-40　主控继电器电路原理图

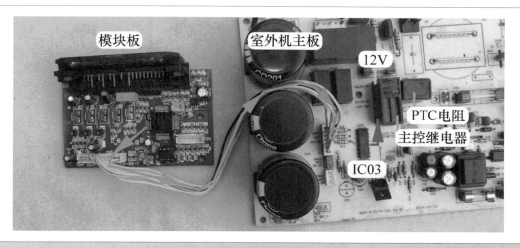

图 5-41　主控继电器电路实物图

三、　室外风机电路

图 5-42 为室外风机电路原理图，图 5-43 为其实物图，该电路的作用是驱动室外风机运行，为冷凝器散热。

室外机 CPU 的 ⑥ 脚为室外风机高风控制引脚，⑦ 脚为低风控制引脚，由于本机室外风机只有一个转速，实际电路只使用 CPU ⑥ 脚，⑦ 脚空闲。电路由限流电阻 R12、反相驱动器 IC03 的 ③ 脚和 ⑭ 脚、继电器 RY03 组成。

室外风机电路工作原理和主控继电器驱动电路基本相同，需要控制室外风机运行时，CPU 的⑥脚输出高电平 5V 电压，经电阻 R12 限流后约为 2.5V，送至 IC03 的 ③ 脚，反相驱动器内部电路翻转，⑭ 脚电压变为低电平约 0.8V，继电器 RY03 线圈电压为 11.2V，产生电磁吸力使触点 3-4 闭合，室外风机线圈得到供电，在电容的作用下旋转运行，制冷模式下为冷凝器散热。

室外机 CPU 需要控制室外风机停止运行时，⑥ 脚变为低电平 0V，IC03 的 ③ 脚也为低电平 0V，内部电路不能翻转，⑭ 脚不能接地，RY03 线圈电压为 0V，由于不能产生电磁吸力，触点 3-4 断开，室外风机因失去供电而停止运行。

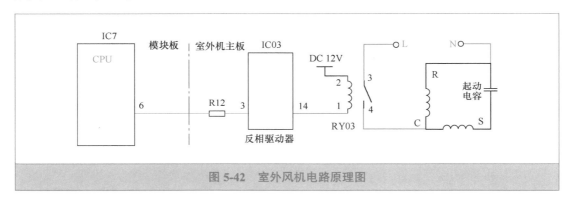

图 5-42　室外风机电路原理图

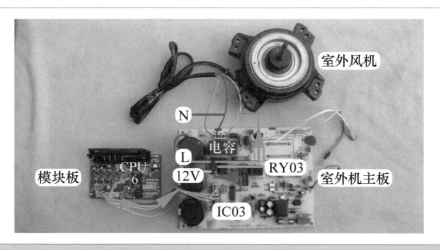

图 5-43　室外风机电路实物图

四、 四通阀线圈电路

图 5-44 为四通阀线圈电路原理图，图 5-45 为其实物图，该电路的作用是控制四通阀线圈的供电与断电，从而控制空调器工作在制冷或制热模式。电路由 CPU ⑧脚、限流电阻 R13、反相驱动器 IC03 的 ④ 脚和 ⑬ 脚、继电器 RY02 组成。

室内机 CPU 根据遥控器输入信号或应急开关信号，处理后需要空调器工作在制热模式时，将控制命令通过通信电路传送至室外机 CPU，其⑧脚输出高电平 5V 电压，经电阻 R13 限流后约为 2.5V，送到 IC03 的 ④ 脚，反相驱动器内部电路翻转，⑬ 脚电压变为低电平约 0.8V，继电器 RY02 线圈电压为直流 11.2V 左右，产生电磁吸力使触点 3-4 闭合，四通阀线圈得到交流 220V 电源，吸引四通阀内部磁铁移动，在压力的作用下转换制冷剂流动的方向，使空调器工作在制热模式。

当空调器需要工作在制冷模式时，室外机 CPU ⑧脚为低电平 0V，IC03 的 ④ 脚电压也为 0V，内部电路不能翻转，IC03 的 ⑬ 脚不能接地，RY02 线圈电压为 0V，由于不能产生电磁吸力，触点 3-4 断开，四通阀线圈电压为交流 0V，对制冷系统中制冷剂流动方向的改变不起作用，空调器工作在制冷模式。

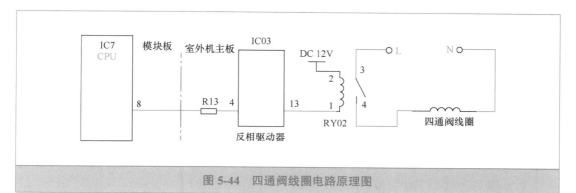

图 5-44　四通阀线圈电路原理图

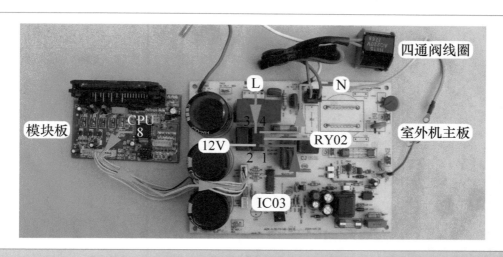

图 5-45　四通阀线圈电路实物图

五、 6 路信号电路

1. 基础知识

本机模块的型号为三洋 STK621-031（最大工作电流 15A、最高工作电压 600V），模块输出端有 U、V、W 共 3 个端子，每个输出端对应一组桥臂，每组桥臂由上桥（P 侧）和下桥（N 侧）组成，因此有 6 路信号输入，分别是 U＋、U–、V＋、V–、W＋、W–。U＋、V＋、W＋输入的信号驱动 3 个上桥（即 P 侧）IGBT 开关管，U–、V–、W–输入的信号驱动 3 个下桥（即 N 侧）IGBT 开关管。

由于模块内部有 6 个 IGBT 开关管，因此室外机 CPU 有 6 个输出信号引脚和模块的 6 个引脚直接连接。

2. 6 路信号工作流程（见图 5-46）

① 室外机 CPU 输出 6 路信号→②模块放大信号→③压缩机运行。

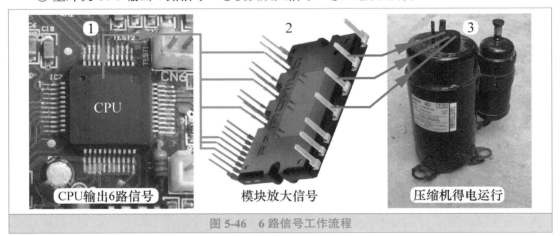

图 5-46　6 路信号工作流程

3. 三洋 STK621-031 引脚功能

STK621-031 实物外形见图 5-47，是最早应用在变频空调器中的单电源模块之一，引脚较少且在一侧排列，由于早期技术的限制，体积相对较大，目前已停产。表 5-6 为三洋 STK621-031 模块的引脚功能。

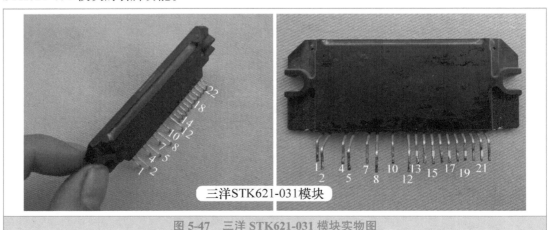

图 5-47　三洋 STK621-031 模块实物图

表 5-6 STK621-031 模块引脚功能

引脚	符号	功能	备注	引脚	符号	功能	备注
①	VB1	U 相驱动电源正极	HVIC 供电引脚	⑭	HIN2	V 相上桥驱动信号	驱动 3 个上桥 IGBT
④	VB2	V 相驱动电源正极		⑮	HIN3	W 相上桥驱动信号	
⑦	VB3	W 相驱动电源正极		⑯	LIN1	U 相下桥驱动信号	驱动 3 个下桥 IGBT
②	U	U 相输出端子	接压缩机线圈	⑰	LIN2	V 相下桥驱动信号	
⑤	V	V 相输出端子		⑱	LIN3	W 相下桥驱动信号	
⑧	W	W 相输出端子		⑲	FAULT	模块保护输出	
⑩	P	300V 电压正极	直流 300V 电压输入	⑳	ISO	电流检测输出	
⑫	N	300V 电压负极		㉑	VDD	控制电源 15V 正极	控制电路供电
⑬	HIN1	U 相上桥驱动信号	驱动 3 个上桥 IGBT	㉒	VSS	控制电源 15V 负极	

注：③、⑥、⑨、⑪脚为空脚。

4. 工作原理

图 5-48 为 6 路信号电路原理图，图 5-49 为其实物图。

室外机 CPU 的 ①、㊸、㊷、㊶、㊵、㊴共 6 个引脚输出有规律的 6 路信号，直接送至模块 IC8 的 ⑬、⑭、⑮、⑯、⑰、⑱ 的 6 路信号输入引脚，驱动内部 6 个 IGBT 开关管有规律地导通与截止，将 ⑩ 脚（P）、⑫ 脚（N）端子的直流 300V 电转换为频率与电压均可调的三相模拟交流电压，由 ② 脚（U）、⑤脚（V）、⑧脚（W）3 个引脚输出，驱动压缩机高频或低频的任意转速运行。

由于室外机 CPU 输出 6 路信号控制模块内部 IGBT 开关管的导通与截止，因此压缩机转速由室外机 CPU 决定，模块只起一个放大信号时转换电压的作用。

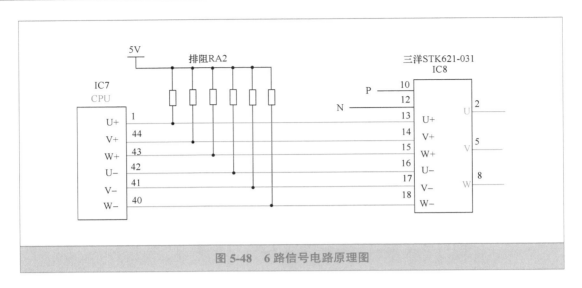

图 5-48 6 路信号电路原理图

图 5-49 6 路信号电路实物图

第六章

直流变频空调器室内机电路

本章以格力 KFR-32GW/（32556）FNDe-3 直流变频空调器室内机为基础，介绍室内机电控系统的组成和单元电路作用等。如本章中无特别注明，所有空调器型号均默认为格力 KFR-32GW/（32556）FNDe-3。

第一节　基础知识

一、电控系统组成

图 6-1 为室内机电控系统电气接线图，图 6-2 为室内机电控系统实物外形和作用（不含辅助电加热等）。

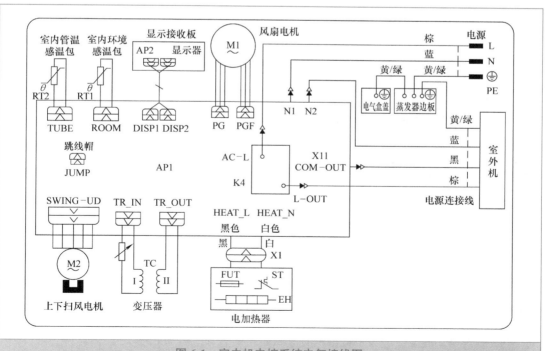

图 6-1　室内机电控系统电气接线图

从图 6-2 中可以看出，室内机电控系统由主板（AP1）、室内环温传感器（室内环境感温包）、室内管温传感器（室内管温感温包）、显示板组件（显示接收板）、室内风机（风扇电机）、步进电机（上下扫风电机）、变压器、辅助电加热（电加热器）等组成。

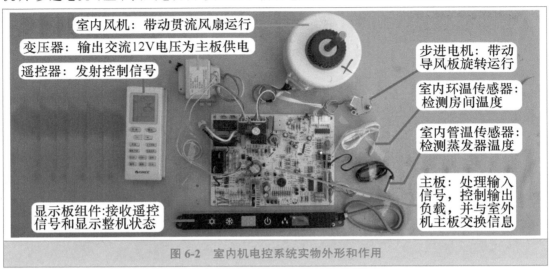

图 6-2　室内机电控系统实物外形和作用

二、主板插座和电子元器件

1. 插座和电子元器件

图 6-3 为室内机主板实物图，图 6-4 为显示板组件实物图，表 6-1 为室内机主板与显示板组件的插座和电子元器件明细。在图 6-3 和图 6-4 中，插座和接线端子的代号以英文字母表示，电子元件以阿拉伯数字表示。

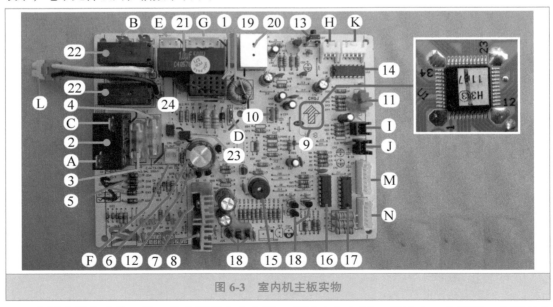

图 6-3　室内机主板实物

主板有供电才能工作，为主板供电有电源 L 端输入和电源 N 端输入 2 个端子；由于室内机主板还为室外机供电和与室外机交换信息，因此还设有室外机供电端子和通信线；输入部分设有变压器、室内环温和管温传感器，主板上设有变压器一次绕组和二次绕组插座、室内环温和管温传感器插座；输出负载有显示板组件、步进电机、室内风机（PG 电机），相对应的在主板上有显示板组件插座、步进电机插座、室内风机线圈供电插座、霍尔反馈插座。

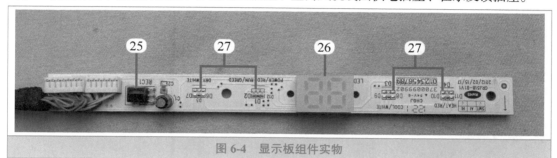

图 6-4　显示板组件实物

表 6-1　室内机主板与显示板组件的插座和电子元器件明细

标号	名称	标号	名称	标号	名称
A	电源相线输入	1	压敏电阻	15	蜂鸣器
B	电源零线输入和输出	2	主控继电器	16	串行移位集成电路
C	电源相线输出	3	12.5A 熔丝管	17	反相驱动器
D	通信端子	4	3.15A 熔丝管	18	晶体管
E	变压器一次绕组	5	整流二极管	19	扼流圈
F	变压器二次绕组	6	主滤波电容	20	光耦合器晶闸管
G	室内风机	7	12V 稳压块 7812	21	室内风机电容
H	霍尔反馈	8	5V 稳压块 7805	22	辅助电加热继电器
I	室内环温传感器	9	CPU（贴片型）	23	发送光耦合器
J	室内管温传感器	10	晶振	24	接收光耦合器
K	步进电机	11	跳线帽	25	接收器
L	辅助电加热	12	过零检测晶体管	26	2 位数码管
M	显示板组件 1	13	应急开关	27	指示灯（发光二极管）
N	显示板组件 2	14	反相驱动器		

2. 单元电路作用

图 6-5 为室内机主板电路框图，由框图可知，主板主要由 5 个部分电路组成，即电源电路、CPU 三要素电路、输入部分电路、输出部分电路、通信电路。

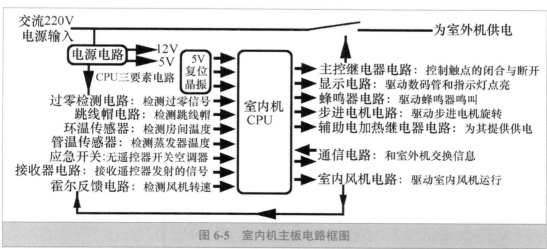

图 6-5　室内机主板电路框图

（1）电源电路

电源电路的作用是向主板提供直流 12V 和 5V 电压，由熔丝管（4）、压敏电阻（1）、变压器、整流二极管（5）、主滤波电容（6）、7812 稳压块（7）、7805 稳压块（8）等元器件组成。

（2）CPU 和其三要素电路

CPU（9）是室内机电控系统的控制中心，处理输入部分电路的信号，对负载进行控制；CPU 三要素电路是 CPU 正常工作的前提，由复位电路、晶振（10）等元器件组成。

（3）通信电路

通信电路的作用是和室外机 CPU 交换信息，主要元件为接收光耦合器（24）和发送光耦合器（23）。

（4）应急开关电路

应急开关电路的作用是在无遥控器时用其可以开启或关闭空调器，主要元器件为应急开关（13）。

（5）接收器电路

接收器电路的作用是接收遥控器发射的信号，主要元器件为接收器（25）。

（6）传感器电路

传感器电路的作用是向 CPU 提供温度信号。室内环温传感器（I）提供房间温度，室内管温传感器（J）提供蒸发器温度。

（7）过零检测电路

过零检测电路的作用是向 CPU 提供交流电源的零点信号，主要元器件为过零检测晶体管（12）。

（8）霍尔反馈电路

霍尔反馈电路的作用是向 CPU 提供转速信号，室内风机输出的霍尔反馈信号（H）直接送至 CPU 引脚。

（9）显示电路

显示电路的作用是显示空调器的运行状态，主要元器件为串行移位集成电路（16）、反相驱动器（17）、晶体管（18）、2 位数码管（26）、发光二极管（27）。

（10）蜂鸣器电路

蜂鸣器电路的作用是提示已接收到遥控器发射的信号，并且已处理，主要元器件为反相驱动器（14）和蜂鸣器（15）。

（11）步进电机电路

步进电机电路的作用是驱动步进电机运行，从而带动导风板上下旋转运行，主要元器件为反相驱动器和步进电机（K）。

（12）主控继电器电路

主控继电器电路的作用是向室外机提供电源，主要元器件为反相驱动器和主控继电器（2）。

（13）室内风机电路

室内风机电路的作用是驱动 PG 电机运行，主要元器件为扼流圈（19）、光耦合器晶闸管（20）、室内风机电容（21）、室内风机（G）。

（14）辅助电加热电路

辅助电加热电路的作用是控制电加热器的接通和断开，主要元器件为反相驱动器、12.5A熔丝管（3）、辅助电加热继电器（22）、辅助电加热（L）。

第二节　电源电路和 CPU 三要素电路

一、电源电路

1. 工作原理

图6-6为电源电路原理图，图6-7为其实物图，表6-2为电源电路关键点电压。电源电路的作用是将交流220V电压降压、整流、滤波、稳压后转换为直流12V和5V为主板供电。

电容CX1为高频旁路电容，用以旁路电源引入的高频干扰信号。FU1（3.15A熔丝管）、RV1（压敏电阻）组成过电压保护电路，当输入电压正常时，对电路没有影响；而当电压高于一定值，RV1迅速击穿，将前端FU1熔丝管熔断，从而保护主板后级电路免受损坏。

变压器T1、整流二极管（D33、D34、D35、D36、D37）、主滤波电容（C29）、C31、C4组成降压、整流、滤波电路。变压器T1将输入电压交流220V降至约交流16V，从二次绕组输出，至由D33～D36组成的桥式整流电路，变为脉动直流电（其中含有交流成分），经D37再次整流、C29滤波，滤除其中的交流成分，成为纯净的直流18V电压。

V1、C32、C34组成12V电压产生电路。V1（7812）为12V稳压块，①脚输入端为直流18V，经7812内部电路稳压，③脚输出端输出稳定的直流12V电压，为12V负载供电。

V2、C5、C6组成5V电压产生电路。V2（7805）为5V稳压块，①脚输入端为直流12V，经7805内部电路稳压，③脚输出端输出稳定的直流5V电压，为5V负载供电。

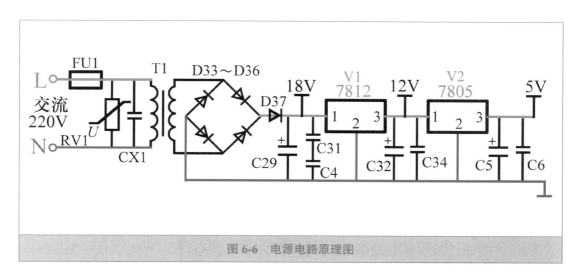

图 6-6　电源电路原理图

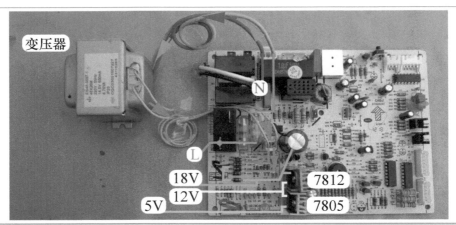

图 6-7　电源电路实物图

表 6-2　电源电路关键点电压

变压器插座		V1（7812）			V2（7805）		
一次绕组	二次绕组	①脚	②脚	③脚	①脚	②脚	③脚
约交流 220V	约交流 15.8V	约直流 18.1V	直流 0V	直流 12V	直流 12V	直流 0V	直流 5V

2. 直流 12V 和 5V 负载

图 6-8 为直流 12V 和 5V 负载，图中红线连接 12V 负载，蓝线连接 5V 负载。

（1）直流 12V 负载

直流 12V 取自 7812 的③脚输出端，主要负载：7805 稳压块、继电器线圈、步进电机线圈、反相驱动器、蜂鸣器、显示板组件上指示灯和数码管等。

➡ 说明：显示板组件上的指示灯和数码管通常使用直流 5V 供电，但本机例外。

（2）直流 5V 负载

直流 5V 取自 7805 的③脚输出端，主要负载：CPU、HC164、传感器电路、通信电路、光耦合器晶闸管、室内风机内部的霍尔反馈电路板、显示板组件上接收器等。

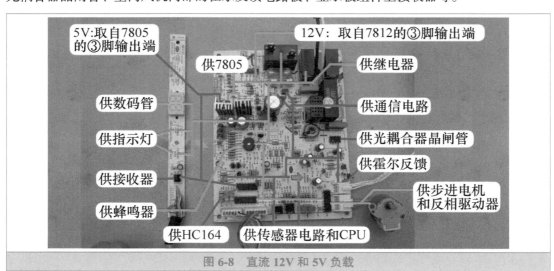

图 6-8　直流 12V 和 5V 负载

二、CPU 及其三要素电路

1. CPU 的作用和引脚功能

CPU 是一个大规模的集成电路，作为室内机电控系统的控制中心，内部写入了运行程序（或工作时调取存储器中的程序）。CPU 根据引脚方向分类，常见有 2 种，见图 6-9，即两侧引脚和四面引脚。

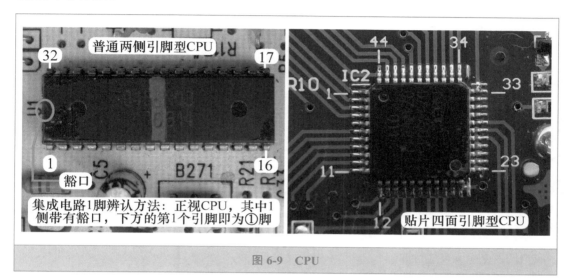

图 6-9　CPU

室内机 CPU 的作用是接收使用者的操作指令，结合室内环温、管温传感器等输入部分电路的信号，进行运算和比较，控制室内风机和步进电机等负载运行，并将各种数据通过通信电路传送至室外机 CPU，共同控制使空调器按使用者的意愿工作。

CPU 是主板上引脚最多的器件，现在主板 CPU 的引脚功能都是空调器厂家结合软件来确定的，也就是说同一型号的 CPU，在不同空调器厂家主板上引脚功能是不一样的。

格力 KFR-32GW/（32556）FNDe-3 空调器室内机 CPU 为贴片封装，安装在主板反面，掩膜型号为 D79F8513A，见图 6-10，共有 44 个引脚在四面伸出，表 6-3 为主要引脚功能。

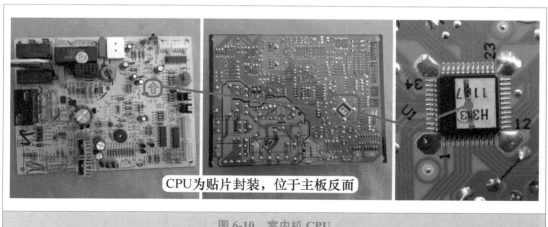

图 6-10　室内机 CPU

表 6-3　D79F8513A 主要引脚功能

输入部分电路			输出部分电路		
引脚	英文代号	功能	引脚	英文代号	功能
⑮	KEY	按键开关	⑩、㊴、①、㊷、㊸	LED、LCD	驱动指示灯和数码管
㊹	REC	遥控器信号	㉙、㉘、㉗、㉖	SWING-UD	步进电机
㉞	ROOM	环温	⑯	BUZ	蜂鸣器
㉟	TUBE	管温	㉒	PG	室内风机
㉓	ZERO	过零检测	㉕	HEAT	辅助电加热
㉑	PGF	霍尔反馈	㉔		主控继电器
㉚	RX	通信 - 接收	㉛	TX	通信 - 发送
⑪	VDD	供电	⑦	X2	晶振	③	RST	复位
⑩	VSS	地	⑧	X1	晶振	CPU 三要素电路

2. 工作原理

图 6-11 为 CPU 三要素电路原理图，图 6-12 为其实物图，表 6-4 为关键点电压。

电源、复位、时钟称为三要素电路，是 CPU 正常工作的前提，缺一不可，否则会死机引起空调器上电无反应故障。

① CPU ⑪ 脚是电源供电引脚，由 7805 的③脚输出端直接供给。

② 复位电路将内部程序处于初始状态。CPU ③脚为复位引脚，和外围元器件电解电容 C57、瓷片电容 C52、电阻 R92、二极管 D5 组成低电平复位电路。初始上电时，5V 电压首先经 R92 为 C57 充电，C57 正极电压由 0V 逐渐上升至 5V，因此 CPU ③脚电压相对于电源 ⑪ 脚要延时一段时间（一般为几十 ms），将 CPU 内部程序清零，对各个端口进行初始化。

③ 时钟电路提供时钟频率。CPU ⑦脚、⑧脚为时钟引脚，内部电路与外围元器件 B1（晶振）、电阻 R32 组成时钟电路，提供 4MHz 稳定的时钟频率，使 CPU 能够连续执行指令。

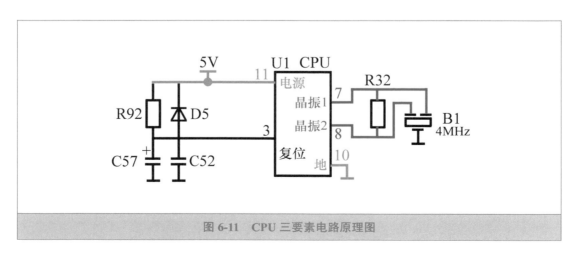

图 6-11　CPU 三要素电路原理图

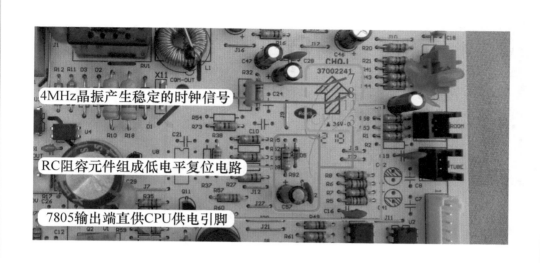

图 6-12　CPU 三要素电路实物图

表 6-4　CPU 三要素电路关键点电压

⑪脚 - 供电	⑩脚 - 地	③脚 - 复位	⑦脚 - 晶振	⑧脚 - 晶振
5V	0V	5V	2.6V	2.4V

第三节　输入部分电路

一、跳线帽电路

➡ 说明：跳线帽电路常见于格力空调器主板，其他品牌空调器的室内机主板通常未设置此电路。

1. 跳线帽的安装位置和工作原理

跳线帽插座 JUMP 位于主板弱电区域，见图 6-13，跳线帽安装在插座上面。跳线帽上面数字表示对应机型，如 3 表示此跳线帽所安装的主板，安装在制冷量为 3200W 的挂式直流变频空调器，CPU 按制冷量 3200W 的室内风机转速、同步电机角度、蒸发器保护温度等参数进行控制。

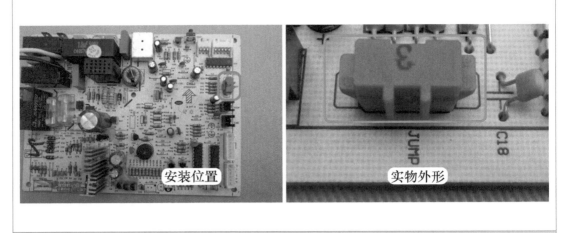

图 6-13　跳线帽的安装位置和实物外形

标注 3 的跳线帽，见图 6-14，其中 1-2 导通，CPU 上电时按导通的引脚以区分跳线帽所代表的机型，检测完成后，调取制冷量为 3200W 的相应参数对空调器进行控制。

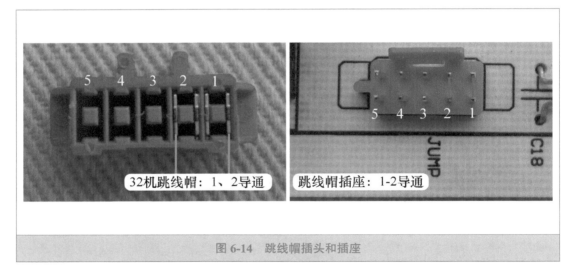

32机跳线帽：1、2导通

跳线帽插座：1-2导通

图 6-14　跳线帽插头和插座

2. 常见故障

掀开室内机进风格栅，见图 6-15 左图，就会看到通常贴在右下角的提示：更换控制器（本书称为室内机主板）时，请务必将本机控制器上的跳线帽插到新的控制器上，否则，指示灯会闪烁（或显示 C5），并不能正常开机。

见图 6-15 右图，如检查主板损坏，在更换主板时，新主板并未配有跳线帽，需要从旧主板上拆下跳线帽，并安装到新主板上的跳线帽插座，新主板才能正常运行。

➡ 说明：CPU 仅在上电时对跳线帽进行检测，上电后即使取下跳线帽，空调器也能正常运行。如上电后 CPU 未检测到跳线帽，显示 C5 代码，此时再安装跳线帽，空调器也不会恢复正常，只有断电，再次上电 CPU 复位后才能恢复正常。

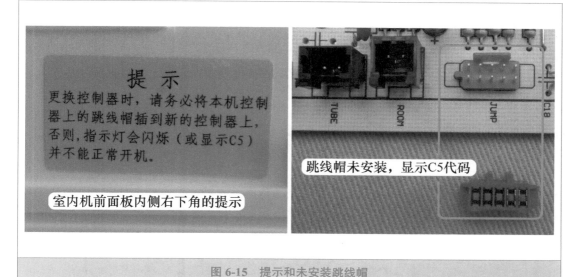

图 6-15 提示和未安装跳线帽

二、 应急开关电路

1. 按键设计位置

应急开关电路的作用是在遥控器丢失或损坏的情况下，使用应急开关按键，空调器可应急使用，工作在自动模式，不能改变设定温度和风速。

根据空调器设计不同，应急开关按键设计位置也不相同。见图 6-16 左图，部分品牌的空调器将按键设计在显示板组件位置，使用时可以直接按压；见图 6-16 右图，格力或其他部分品牌的空调器将按键设计在室内机主板，使用时需要掀开进风格栅，且使用尖状物体才能按压。

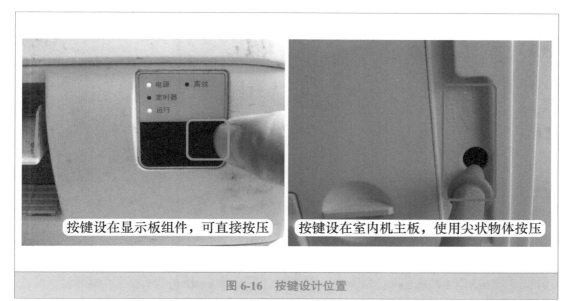

图 6-16 按键设计位置

2. 工作原理

图 6-17 为应急开关电路原理图，图 6-18 为其实物图。

CPU ⑮ 脚为应急开关按键检测引脚，正常时为高电平直流 5V，应急开关按下时为低电平约 0 V，CPU 根据目前状态时低电平的次数，进入相应的控制程序。

开机方法：在处于待机状态时，按压 1 次应急开关按键，空调器进入自动运行状态，CPU 根据室内温度自动选择制冷、制热、送风等模式，以达到舒适的效果。按压按键使空调器运行时，在任何状态下都可用遥控器控制，转入遥控器设定的运行状态。

➡ 关机方法：在运行状态下，按压 1 次应急开关按键，空调器停止工作。

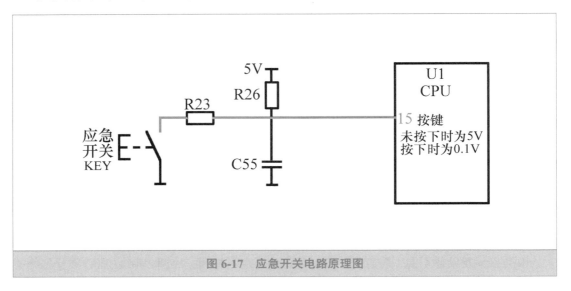

图 6-17 应急开关电路原理图

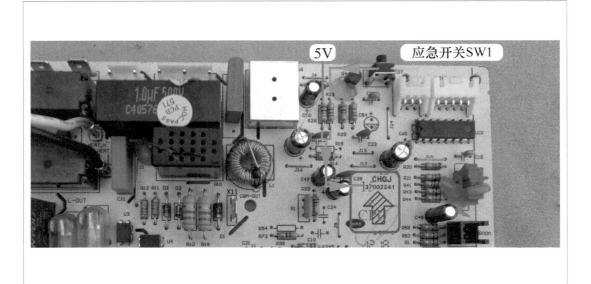

图 6-18 应急开关电路实物图

三、　接收器电路

图 6-19 为接收器电路原理图，图 6-20 为其实物图，该电路的作用是接收遥控器发射的红外线信号，处理后送至 CPU 引脚。

遥控器发射含有经过编码的调制信号以 38kHz 为载波频率，发送至位于显示板组件上的接收器 REC1，REC1 将光信号转换为电信号，并进行放大、滤波、整形，经 R48、R47 送至 CPU ㊹ 脚，CPU 内部电路解码后得出遥控器的按键信息，从而对电路进行控制；CPU 每接收到遥控器信号后均会控制蜂鸣器响一声给予提示。

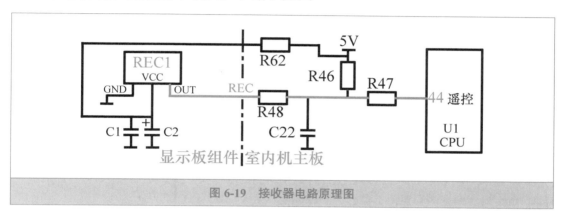

图 6-19　接收器电路原理图

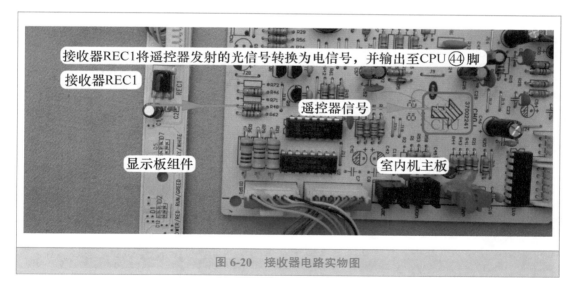

图 6-20　接收器电路实物图

四、　传感器电路

1. 室内环温传感器

图 6-21 为室内环温传感器的安装位置。

① 室内环温传感器固定在室内机的进风口位置，作用是检测房间温度。

② 和遥控器的设定温度相比较，决定压缩机的频率或者室外机的运行与停止。

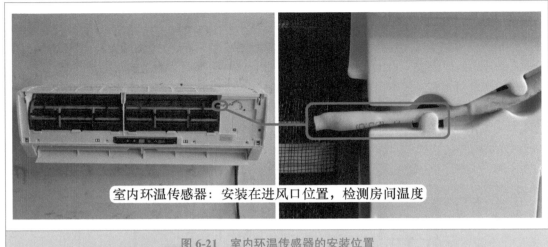

图 6-21　室内环温传感器的安装位置

2. 室内管温传感器

图 6-22 为室内管温传感器的安装位置。

① 室内管温传感器检测孔焊在蒸发器的管壁上，作用是检测蒸发器温度。

② 制冷或除湿模式下，室内管温传感器检测到的温度 ≤ – 1℃时，压缩机降频运行，当连续 3min 检测到室内管温传感器检测到的温度 ≤ – 1℃时，压缩机停止运行。

③ 制热模式下，室内管温传感器检测到的温度 ≥ 55℃时，禁止压缩机频率上升；室内管温传感器检测到的温度 ≥ 58℃时，压缩机降频运行；室内管温传感器检测到的温度 ≥ 62℃时，压缩机停止运行。

图 6-22　室内管温传感器的安装位置

3. 实物外形

见图 6-23，室内环温和室内管温传感器均只有 2 根引线。不同的是，室内环温传感器使用塑封探头，室内管温传感器使用铜头探头。

格力空调器室内环温传感器护套标有（GL/15K），表示传感器型号为 25℃ /15kΩ；室内管温传感器护套标有（GL/20K），表示传感器型号为 25℃ /20kΩ。

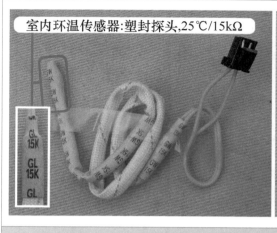
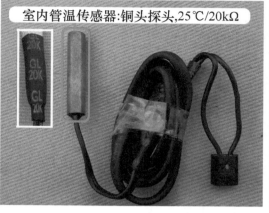

图 6-23　室内环温和管温传感器实物外形

4. 传感器特性

空调器使用的传感器为负温度系数热敏电阻，负温度系数是指温度上升时其阻值下降，温度下降时其阻值上升。

以型号 25℃/20kΩ 的管温传感器为例，测量在降温（15℃）、常温（25℃）、加热（35℃）的 3 个温度下，传感器的阻值变化情况。

① 图 6-24 左图为降温（15℃）时测量传感器阻值，实测为 31.4kΩ。

② 图 6-24 中图为常温（25℃）时测量传感器阻值，实测为 20.2kΩ。

③ 图 6-24 右图为加热（35℃）时测量传感器阻值，实测约为 13.1kΩ。

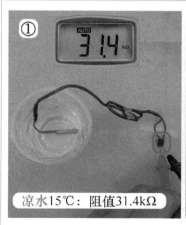
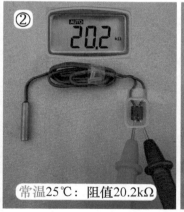
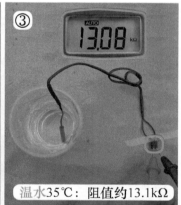

图 6-24　测量传感器阻值

5. 工作原理

图 6-25 为传感器电路原理图，图 6-26 为管温传感器电路实物图，表 6-5 为管温传感器（25℃/20kΩ）温度、阻值与 CPU 引脚电压（分压电阻 20kΩ）的对应关系。

室内环温和管温传感器电路工作原理相同，以管温传感器为例。管温传感器 TUBE（负温度系数热敏电阻）和电阻 R5 组成分压电路，R5 两端即 CPU ㉟ 脚电压的计算公式为：

5×R5/（管温传感器阻值 +R5）；管温传感器阻值随蒸发器温度的变化而变化，CPU ㉟ 脚电压也相应变化。管温传感器在不同的温度有相应的阻值，CPU ㉟ 脚为相对应的电压值，因此蒸发器温度与 CPU ㉟ 脚电压为成比例的对应关系，CPU 根据不同的电压值计算出蒸发器实际温度，对整机进行控制。假如制热模式下 CPU 检测到蒸发器温度超过 62℃，则控制压缩机停机，并报出相应的故障代码。

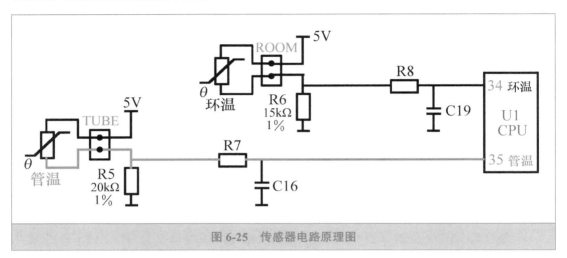

图 6-25　传感器电路原理图

表 6-5　管温传感器温度、阻值与 CPU 引脚电压的对应关系

温度 /℃	−10	−5	0	6	25	30	50	60	70
阻值 /kΩ	110.3	84.6	65.3	48.4	20	16.1	7.17	4.94	3.48
CPU 电压 /V	0.76	0.95	1.17	1.46	2.5	2.77	3.68	4	4.25

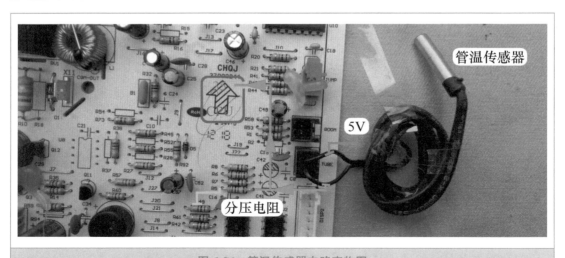

图 6-26　管温传感器电路实物图

6. 常温下测量分压点电压

由于环温和管温传感器 25℃时的阻值通常和各自的分压电阻阻值相同或接近，因此在同

一温度下分压点电压即 CPU 引脚电压应相同或接近。

在房间温度约为 25℃时，见图 6-27，使用万用表直流电压档，测量传感器插座电压，实测公共端为 5V，环温传感器分压点电压约为 2.5V，管温传感器分压点电压约为 2.5V。

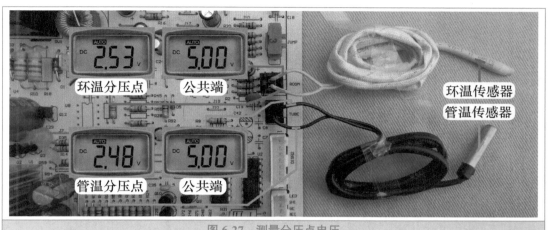

图 6-27　测量分压点电压

第四节　输出部分电路

一、显示电路

1. 显示方式和室内机主板显示电路

见图 6-28 左图，格力 KFR-32GW/（32556）FNDe-3 空调器室内机使用指示灯 + 数码管的方式进行显示，室内机主板和显示板组件由一束 2 个插头共 13 根的引线连接。

见图 6-28 右图，室内机主板显示电路主要由 HC164 串行移位寄存器 U5、2003 反相驱动器 U2、6 个晶体管和电阻等组成。

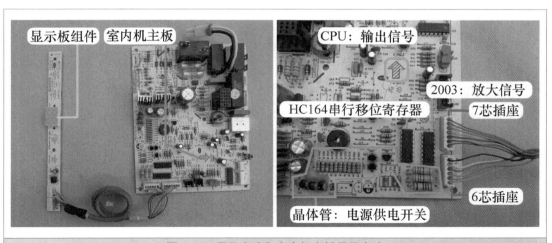

图 6-28　显示方式和室内机主板显示电路

2. 显示板组件

见图 6-29，显示板组件共设有 5 个指示灯：制热、制冷、电源/运行、除湿；使用 1 个 2 位数码管，可显示设定温度、房间温度、故障代码等。

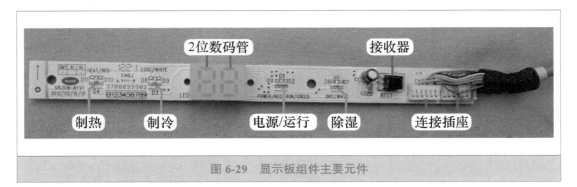

图 6-29　显示板组件主要元件

3. 74HC164 引脚功能

U5 为 74HC164 集成电路，功能是 8 位串行移位寄存器，双列 14 个引脚，其中 ⑭ 脚为 5V 供电，⑦脚为地；①脚和②脚为数据输入（DATA），2 个引脚连在一起接 CPU ⑭ 脚；⑧ 脚为时钟输入（CLK），接 CPU ㉟ 脚；⑨脚为复位，实接直流 5V。

HC164 的③、④、⑤、⑥、⑩、⑪、⑫ 共 7 个引脚为输出，接反相驱动器（2003）U2 的输入侧⑦、⑥、⑤、④、③、②、①共 7 个脚，U2 输出侧⑩、⑪、⑫、⑬、⑭、⑮、⑯ 共 7 个引脚经插座 DISP2 连接显示板组件上的 2 位数码管和 5 个指示灯。

4. 工作原理

见图 6-30，CPU ㉟ 脚向 U5（HC164）的⑧脚发送时钟信号，CPU ⑭ 脚向 HC164 的① 脚和②脚发送显示数据的信息，HC164 处理后经反相驱动器 U2（2003）反相放大后驱动显示板组件上的指示灯和数码管；CPU ㊸ 脚、㊷ 脚、①脚输出信号驱动 6 个晶体管，分 3 路控制 2 位数码管和指示灯供电 12V 的接通和断开。

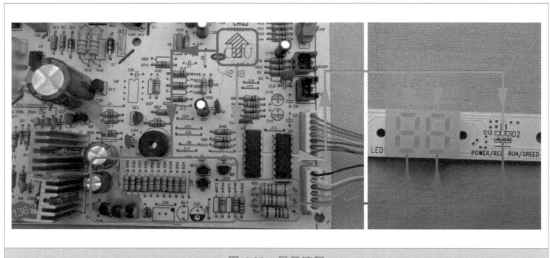

图 6-30　显示流程

二、 蜂鸣器电路

图 6-31 为蜂鸣器电路原理图，图 6-32 为其实物图，该电路的作用是 CPU 接收到遥控器发射的信号且已处理，驱动蜂鸣器发出"滴"的一声予以提示。

CPU ⑯ 脚是蜂鸣器控制引脚，正常时为低电平；当接收到遥控器发射的信号时引脚变为高电平，晶体管 Q11 基极（B）也为高电平，晶体管深度导通，其集电极（C）相当于接地，蜂鸣器得到供电，发出预先录制的"滴"声或音乐。由于 CPU 输出高电平时间很短，万用表不容易测出电压。

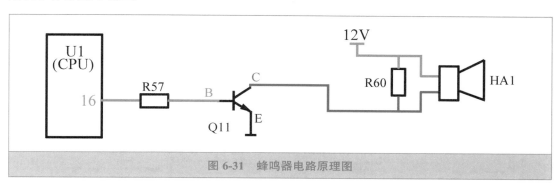

图 6-31 蜂鸣器电路原理图

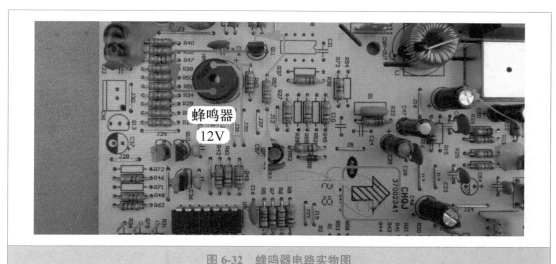

图 6-32 蜂鸣器电路实物图

三、 步进电机电路

步进电机线圈驱动方式为 4 相 8 拍，共有 4 组线圈，电机每转一圈需要移动 8 次。线圈以脉冲方式工作，每接收到一个脉冲或几个脉冲，电机转子就移动一个位置，移动距离可以很短。

图 6-33 为步进电机电路原理图，图 6-34 为其实物图，表 6-6 为 CPU 与反相驱动器引脚电压与步进电机状态的对应关系。

CPU ㉙、㉘、㉗、㉖ 脚输出步进电机驱动信号，至反相驱动器 U10 的输入端⑦、⑥、⑤、④脚，U10 将信号放大后在⑩、⑪、⑫、⑬脚反相输出，驱动步进电机线圈，步进电机按 CPU 控制的角度开始转动，带动导风板上下摆动，使房间内送风均匀，到达用户需要的地方。

室内机主板 CPU 经反相驱动器放大后将驱动脉冲加至步进电机线圈，如供电顺序为 A-AB-B-BC-C-CD-D-DA-A…，电机转子按顺时针方向转动，经齿轮减速后传递到输出轴，从而带动导风板摆动；如供电顺序转换为 A-AD-D-DC-C-CB-B-BA-A…，电机转子按逆时针转动，带动导风板朝另外一个方向摆动。

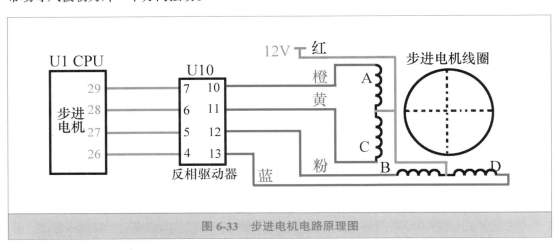

图 6-33　步进电机电路原理图

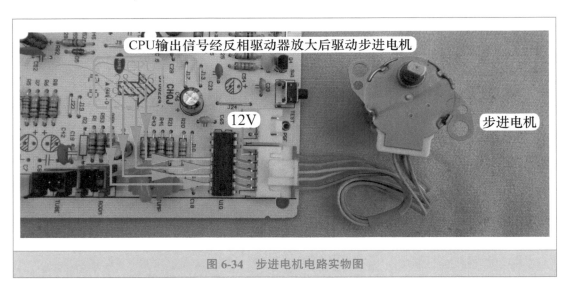

图 6-34　步进电机电路实物图

表 6-6　CPU 引脚电压与步进电机状态的对应关系

CPU：㉙-㉘-㉗-㉖	U10：⑦-⑥-⑤-④	U10：⑩-⑪-⑫-⑬	步进电机状态
1.8V	1.8V	8.6V	运行
0V	0V	12V	停止

四、 主控继电器电路

主控继电器电路的作用是接通或断开室外机的供电，图 6-35 为主控继电器电路原理图，图 6-36 为继电器触点闭合过程，图 6-37 为继电器触点断开过程，表 6-7 为各引脚电压与室外机状态的对应关系。

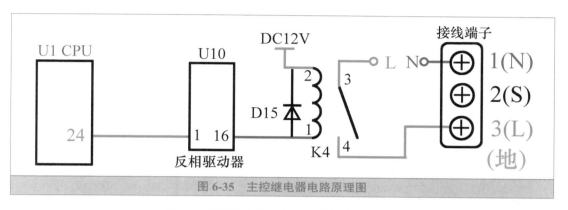

图 6-35 主控继电器电路原理图

表 6-7 各引脚电压与室外机状态的对应关系

CPU ㉔脚	U10 ①脚	U10 ⑯脚	K4 线圈电压	K4 触点状态	室外机供电电压	室外机状态
直流 5V	直流 5V	直流 0.8V	直流 11.2V	导通	交流 220V	运行
直流 0V	直流 0V	直流 12V	直流 0V	断开	交流 0V	停止

1. 继电器触点闭合过程

图 6-30 为继电器触点闭合过程。

当 CPU 接收到遥控器或应急开关的指令，需要为室外机供电时，㉔ 脚输出高电平 5V，直接送至 U10 反相驱动器的①脚输入端，电压为 5V，U10 内部电路翻转，对应 ⑯ 脚输出端为低电平约 0.8V，继电器 K4 线圈得到约直流 11.2V 供电，产生电磁力使触点 3-4 闭合，接线端子上 3 号为相线 L 端，与 1 号 N 端组合成为交流 220V 电压，为室外机供电。

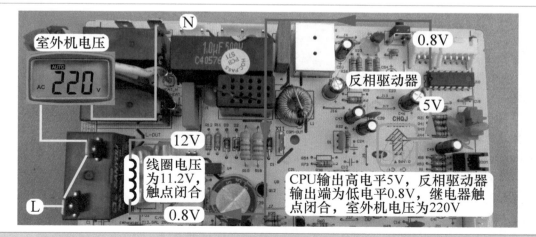

图 6-36 继电器触点闭合过程

2. 继电器触点断开过程

图 6-31 为继电器触点断开过程。

当 CPU 接收到遥控器或其他指令，需要断开室外机供电时，㉔ 脚由高电平输出改为低电平 0V，U10 的①脚也为低电平 0V，内部电路不能翻转，其对应 ⑯ 脚输出端不能接地，K4 线圈两端电压为直流 0V，触点 3-4 断开，接线端子上 3 号相线 L 端断开，与 1 号 N 端不能构成回路，交流 220V 电压断开变为交流 0V，室外机因而无电源而停止工作。

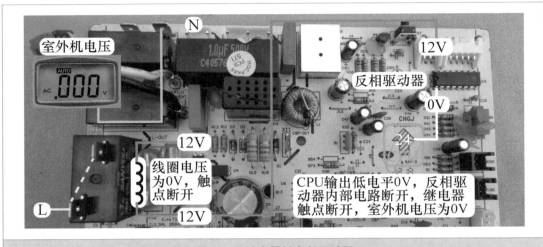

图 6-37　继电器触点断开过程

五、　辅助电加热继电器电路

1. 作用

空调器使用热泵式制热系统，即吸收室外的热量转移到室内，以提高室内温度，如果室外温度低于 0℃以下时，空调器的制热效果将明显下降，辅助电加热就是为提高制热效果而设计的。

2. 工作原理

图 6-38 为辅助电加热电路原理图，图 6-39 为其实物图，表 6-8 为各引脚电压与辅助电加热状态的对应关系。

本机主板辅助电加热电路使用 2 个继电器，分别接通电源 L 端和 N 端，CPU 只有 1 个辅助电加热控制引脚，控制方式为 2 个继电器线圈并联。

当空调器处于制热模式，接收到遥控器或其他指令，CPU 需要开启辅助电加热时，㉕ 脚输出高电平 5V，同时送至 U10 反相驱动器的③脚和②脚（2 个引脚相通），电压为 5V，U10 内部电路翻转，对应 ⑭ 脚和 ⑮ 脚输出端均为低电平约 0.8V，继电器 K2 和 K5 线圈同时得到约直流 11.2V 供电，产生电磁力使触点闭合，同时接通 L 端和 N 端电源为交流 220V，辅助电加热得到供电开始工作产生热量，和蒸发器的热量叠加吹向房间内，迅速提高房间温度。

当处于除霜过程或接收到其他指令，CPU 需要关闭辅助电加热时，㉕ 脚输出低电平 0V，

U10 的③脚和②脚电压也为 0V，内部电路不能翻转，其对应输出端 ⑭ 脚和 ⑮ 脚不能接地，继电器线圈不能构成回路，K2 和 K5 线圈电压为直流 0V，触点断开，L端和N端电源同时断开，辅助电加热停止工作。

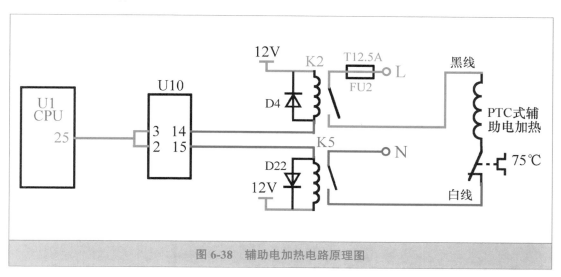

图 6-38　辅助电加热电路原理图

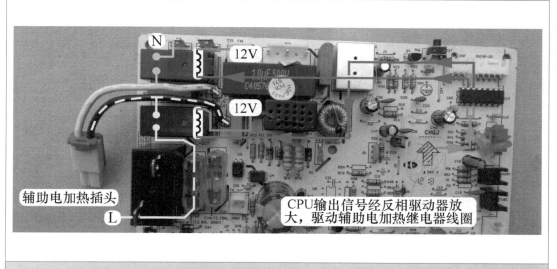

图 6-39　辅助电加热电路实物图

表 6-8　各引脚电压和辅助电加热状态的对应关系

CPU ㉕ 脚	U10 ③、② 脚	U10 ⑭、⑮ 脚	K2 和 K5 线圈电压	K2 和 K5 触点状态	辅助电加热电压	辅助电加热状态
直流 5V	直流 5V	直流 0.8V	直流 11.2V	闭合	交流 220V	产生热量
直流 0V	直流 0V	直流 12V	直流 0V	断开	交流 0V	停止发热

第五节　室内风机电路

　　见图 6-40，室内风机（PG 电机）安装在室内机右侧，作用是驱动室内贯流风扇。制冷模式下，室内风机驱动贯流风扇运行，强制吸入房间内的空气至室内机，经蒸发器降低温度后以一定的风速和流量吹出，来降低房间温度。

　　室内风机电路由 2 个输入部分的单元电路（过零检测电路和霍尔反馈电路）和 1 个输出部分的单元电路（室内风机电路）组成。

　　室内机主板上电，首先通过过零检测电路检查输入交流电源的零点位置，再通过室内风机电路，驱动电机运行；室内风机运行后，内部输出代表转速的霍尔信号，送至室内机主板的霍尔反馈电路，供 CPU 检测实时转速，并与内部数据相比较，如有误差（即转速高于或低于正常值），通过改变光耦合器晶闸管的导通角，改变室内风机工作电压，室内风机转速也随之改变。

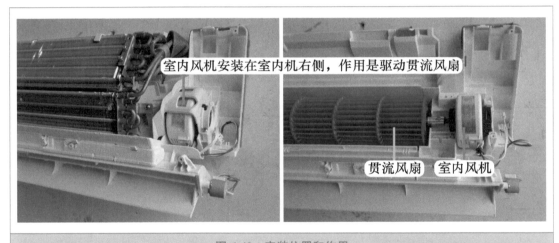

图 6-40　安装位置和作用

一、过零检测电路

1. 作用

　　过零检测电路可以理解为向 CPU 提供一个标准，起点是零点（零电压），光耦合器晶闸管导通角的大小就是依据这个标准。也就是室内风机高速、中速、低速、超低速均对应一个光耦合器晶闸管导通角，而每个导通角的导通时间是从零点开始计算，导通时间不一样，导通角度的大小就不一样，室内风机线圈供电电压不一样，因此电机的转速就不一样。

2. 工作原理

　　图 6-41 为过零检测电路原理图，图 6-42 为其实物图，表 6-9 为关键点电压。

　　变压器二次绕组输出约交流 16V 电压，经 D33 ～ D36 桥式整流输出脉动直流电，其中1 路经 R63/R3、R4 分压，送至晶体管 Q2 基极。

当正半周时基极电压高于 0.7V，Q2 集电极（C）和发射极（E）导通，CPU ㉓ 脚为低电平约 0.1V；当负半周时基极电压低于 0.7V，Q2 的 C 极和 E 极截止，CPU ㉓ 脚为高电平约 5V。通过晶体管 Q2 的反复导通、截止，在 CPU ㉓ 脚形成了频率为 100Hz 的脉冲波形，CPU 通过计算，检测出输入交流电源电压的零点位置。

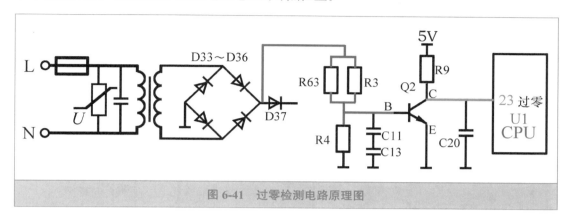

图 6-41　过零检测电路原理图

表 6-9　过零检测电路关键点电压

整流电路输出（D37 正极）	Q2：B	Q2：C	CPU ㉓ 脚
约直流 13.8V	直流 0.7V	直流 0.4V	直流 0.4V

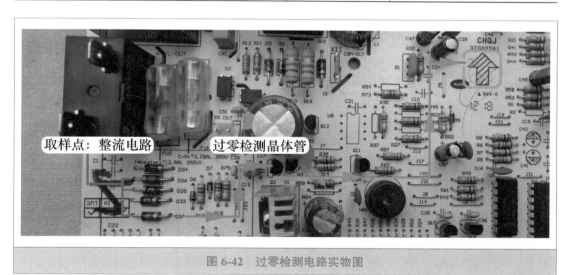

图 6-42　过零检测电路实物图

二、　室内风机电路

1. 晶闸管调速原理

晶闸管调速是用改变晶闸管导通角的方法来改变电机端电压的波形，从而改变电机端电压的有效值，达到调速的目的。

当晶闸管导通角 $\alpha_1=180°$ 时，电机端电压波形为正弦波，即全导通状态；当晶闸管导

通角 $\alpha_1 < 180°$ 时，即非全导通状态，电压有效值减小；α_1 越小，导通状态越少，则电压有效值越小，所产生的磁场越小，则电机的转速越低。由以上的分析可知，采用晶闸管调速其电机转速可连续调节。

2. 工作原理

图 6-43 为室内风机电路原理图，图 6-44 为其实物图。

CPU ㉒ 脚为室内风机控制引脚，输出的驱动信号经电阻 R25 送至晶体管 Q4 基极（B），Q4 放大后送至光耦合器晶闸管 U6 初级发光二极管的负极，U6 次级侧晶闸管导通，交流电源 L 端经扼流圈 L1 → U6 次级送至室内风机线圈的公共端，和交流电源 N 端构成回路，在风机电容的作用下，室内风机转动，带动室内贯流风扇运行，室内机开始吹风。

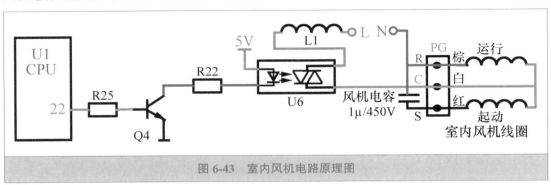

图 6-43　室内风机电路原理图

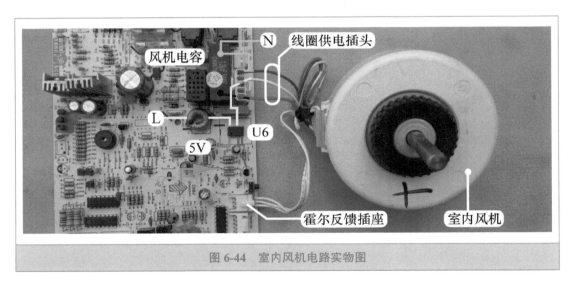

图 6-44　室内风机电路实物图

三、　霍尔反馈电路

1. 转速检测原理

室内风机内部的转子上装有磁环，见图 6-45，霍尔电路板上的霍尔与磁环在空间位置上相对应。

室内风机转子旋转时带动磁环转动，霍尔将磁环的感应信号转化为高电平或低电平的脉冲电压，由输出脚输出至主板 CPU；转子旋转一圈，霍尔会输出一个脉冲信号电压或几个脉冲信号电压（厂家不同，脉冲信号的数量不同），CPU 根据脉冲电压（即霍尔信号）计算出电机的实际转速，与目标转速相比较，如有误差则改变光耦合器晶闸管的导通角，从而改变室内风机的转速，使实际转速与目标转速相对应。

图 6-45　转子磁环和霍尔的安装位置

2. 工作原理

图 6-46 为霍尔反馈电路原理图，图 6-47 为其实物图，表 6-10 为霍尔输出引脚电压与 CPU 引脚电压的对应关系。

霍尔反馈电路的作用是向 CPU 提供室内风机实际转速的参考信号。室内风机内部霍尔电路板通过标号为 PGF 的插座和室内机主板连接，共有 3 根引线，即供电直流 5V、霍尔反馈输出和地。

室内风机开始转动时，内部电路板霍尔 IC1 的③脚输出代表转速的信号（霍尔信号），经电阻 R2、R33 送至 CPU 的 ㉑ 脚，CPU 通过霍尔的数量计算出室内风机的实际转速，并与内部数据相比较，如转速高于或低于正常值即有误差，CPU ㉒ 脚（室内风机驱动）输出信号通过改变光耦合器晶闸管的导通角，改变室内风机线圈供电插座的交流电压有效值，从而改变室内风机的转速，使实际转速与目标转速相同。

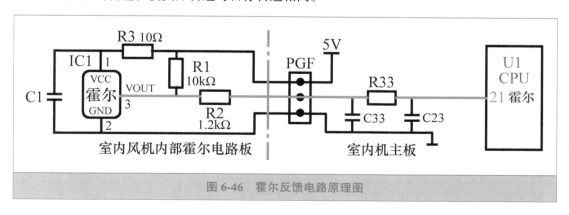

图 6-46　霍尔反馈电路原理图

表 6-10　霍尔输出引脚电压与 CPU 引脚电压的对应关系

	IC1：①脚供电	IC1：③脚输出	PGF 反馈引线	CPU ㉑ 脚霍尔
IC1输出低电平	5V	0V	0V	0V
IC1输出高电平	5V	4.98V	4.98V	4.98V
正常运行	5V	2.45V	2.45V	2.45V

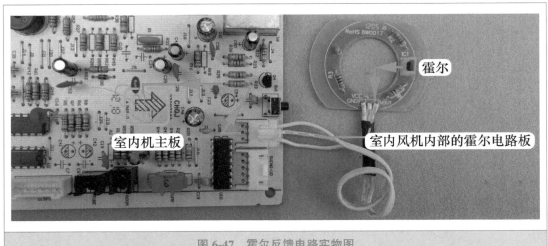

图 6-47　霍尔反馈电路实物图

3．测量转速反馈电压

　　遥控器关机但不拔下电源插头，室内风机停止运行，即空调器处于待机状态，见图 6-48，将手从出风口伸入，并慢慢拨动贯流风扇，相当于慢慢旋转室内风机轴。

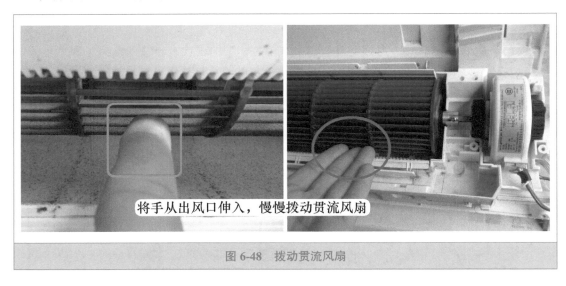

图 6-48　拨动贯流风扇

　　使用万用表直流电压档，见图 6-49，黑表笔接霍尔反馈插座中的地，红表笔接反馈端子测量电压，正常时为 0V（低电平）～ 5V（高电平）～ 0V ～ 5V 的跳变电压，说明室内风机已输出霍尔反馈信号，室内风机正常运行时反馈端电压为稳定的直流约 2.5V。

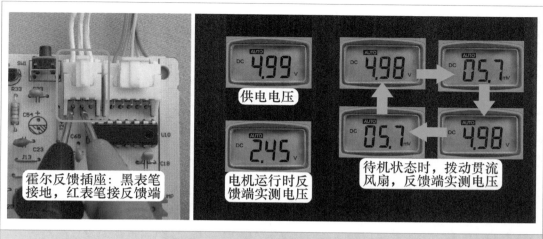

图 6-49 测量霍尔反馈插座反馈端电压

直流变频空调器室外机电路

本章以格力 KFR-32GW/（32556）FNDe-3 直流变频空调器室外机为基础，介绍室外机电控系统的组成和单元电路作用等。如本章中无特别注明，所有空调器型号均默认为格力 KFR-32GW/（32556）FNDe-3。

第一节　基础知识

一、电控系统组成

图 7-1 为室外机电控系统电气接线图，图 7-2 为室外机电控系统实物外形和作用（不含压缩机、室外风机、端子排等）。

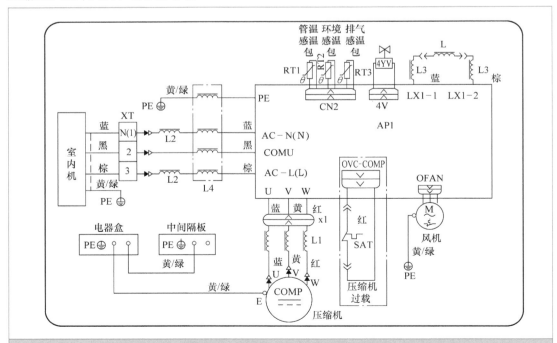

图 7-1　室外机电控系统电气接线图

从图 7-2 可以看出，室外机电控系统由主板（AP1）、滤波电感（L）、压缩机、压缩机顶盖温度开关（压缩机过载）、室外风机（风机）、四通阀线圈（4YV）、室外环温传感器（环境感温包）、室外管温传感器（管温感温包）、压缩机排气传感器（排气感温包）、端子排（XT）组成。

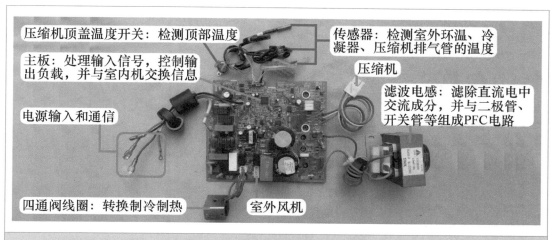

图 7-2 室外机电控系统实物外形和作用

二、 主板插座和电子元器件

1. 主板插座

表 7-1 为室外机主板插座明细，图 7-3 为室外机主板插座实物图，插座引线的代号以英文字母表示。由于将室外机 CPU 和弱电信号电路及模块等所有电路均集成在 1 块主板，因此主板的插座较少。

室外机主板有供电才能工作，为其供电的有电源 L 端输入、电源 N 端输入、地线 3 个端子；为了和室内机主板通信，设有通信线；由于输入部分设有室外环温传感器、室外管温传感器、压缩机排气传感器、压缩机顶盖温度开关，因此设有室外环温 - 室外管温 - 压缩机排气传感器插座、压缩机顶盖温度开关插座；直流 300V 供电电路中设有外置滤波电感，外接有滤波电感的 2 个插头；输出负载有压缩机、室外风机、四通阀线圈，相对应设有压缩机对接插头、室外风机插座、四通阀线圈插座。

表 7-1 室外机主板插座明细

标号	名称	标号	名称	标号	名称
A	棕线：相线 L 端输入	E	滤波电感输入	I	室外风机
B	蓝线：零线 N 端输入	F	滤波电感输出	J	压缩机温度开关
C	黑线：通信 COM	G	压缩机	K	室外环温 - 管温 - 压缩机排气传感器
D	黄绿色：地线	H	四通阀线圈		

图 7-3　室外机主板插座

2. 主板电子元器件

表 7-2 为室外机主板电子元器件明细，图 7-4 为室外机主板电子元器件实物图，电子元器件以阿拉伯数字表示。

表 7-2　室外机主板电子元器件明细

标号	名称	标号	名称	标号	名称
1	15A 熔丝管	13	室外风机电容	25	模块保护集成电路
2	压敏电阻	14	四通阀线圈继电器	26	PFC 取样电阻
3	放电管	15	3.15A 熔丝管	27	模块电流取样电阻
4	滤波电感（扼流圈）	16	开关变压器	28	电压取样电阻
5	PTC 电阻	17	开关电源集成电路	29	PFC 集成电路
6	主控继电器	18	TL431	30	反相驱动器
7	整流硅桥	19	稳压光耦合器	31	发光二极管
8	快恢复二极管	20	3.3V 稳压电路	32	降压电阻
9	IGBT 开关管	21	CPU	33	滤波电容
10	滤波电容（2 个）	22	存储器	34	稳压二极管
11	模块	23	相电流放大集成电路	35	发送光耦合器
12	室外风机继电器	24	PFC 取样集成电路	36	接收光耦合器

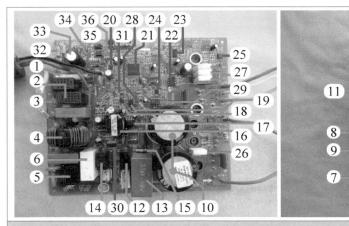
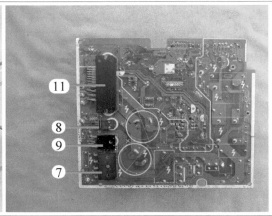

图 7-4　室外机主板电子元器件

3. 单元电路作用

图 7-5 为室外机主板电路框图,由框图可知,主板主要由 5 部分电路组成,即电源电路、输入部分电路、输出部分电路、模块电路、通信电路。

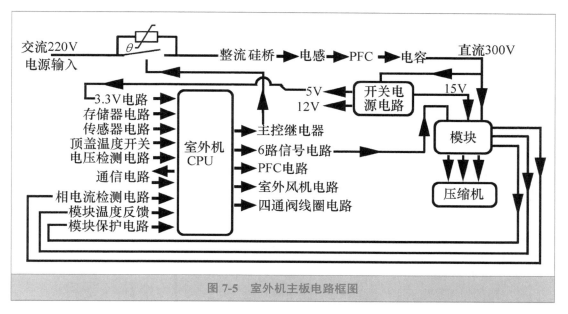

图 7-5 室外机主板电路框图

(1)交流 220V 输入电压电路

该电路的作用是过滤电网带来的干扰,以及在输入电压过高时保护后级电路。其由 15A 熔丝管(1)、压敏电阻(2)、扼流圈(4)等元器件组成。

(2)直流 300V 电压形成电路

该电路的作用是将交流 220V 电压变为纯净的直流 300V 电压。其由 PTC 电阻(5)、主控继电器(6)、整流硅桥(7)、滤波电感、快恢复二极管(8)、IGBT 开关管(9)、滤波电容(10)等元器件组成。

(3)开关电源电路

该电路的作用是将直流 300V 电压转换成直流 15V、12V、5V 电压,其中直流 15V 为模块内部控制电路供电,直流 12V 为继电器和反相驱动器供电,直流 5V 为弱电信号电路和 3.3V 稳压电路(20)供电,3.3V 为 CPU 和弱电信号电路供电。

开关电源电路由 3.15A 熔丝管(15)、开关变压器(16)、开关电源集成电路(17)、TL431(18)、稳压光耦合器(19)、二极管等组成。

(4)CPU 电路

CPU(21)是室外机电控系统的控制中心,用来处理输入电路的信号和对室内机进行通信,并对负载进行控制。

(5)存储器电路

该电路的作用是存储相关参数和数据,供 CPU 运行时调取使用。其主要元器件为存储器(22)。

(6)传感器电路

该电路的作用是为 CPU 提供温度信号。室外环温传感器检测室外环境温度,室外管温传感器检测冷凝器温度，压缩机排气传感器检测压缩机排气管温度。

（7）压缩机顶盖温度开关电路

该电路的作用是检测压缩机顶部温度是否过高，主要由顶盖温度开关组成。

（8）电压检测电路

该电路的作用是向 CPU 提供输入市电电压的参考信号，主要元器件为电压取样电阻（28）。

（9）相电流检测电路

该电路的作用是向 CPU 提供压缩机的运行电流和位置信号，主要元器件为模块电流取样电阻（27）和相电流放大集成电路（23）。

（10）PFC 电路

该电路的作用是提高电源的功率因数以及直流 300V 电压数值，主要由 PFC 取样电阻（26）、PFC 取样集成电路（24）、PFC 集成电路（29）、快恢复二极管（8）、IGBT 开关管（9）、滤波电容（10）等组成。

（11）通信电路

该电路的作用是与室内机主板交换信息，主要元器件为降压电阻（32）、滤波电容（33）、稳压二极管（34）、发送光耦合器（35）和接收光耦合器（36）。

（12）指示灯电路

该电路的作用是指示室外机的状态，主要由发光二极管（31）和晶体管组成。

（13）主控继电器电路

该电路的作用是待滤波电容充电完成后主控继电器触点闭合，短路 PTC 电阻。驱动主控继电器线圈的元器件为 2003 反相驱动器（30）和主控继电器（6）。

（14）室外风机电路

该电路的作用是控制室外风机运行，主要由反相驱动器、室外风机电容（13）、室外风机继电器（12）和室外风机等元器件组成。

（15）四通阀线圈电路

该电路的作用是控制四通阀线圈的供电与失电，主要由反相驱动器、四通阀线圈继电器（14）、四通阀线圈等元器件组成。

（16）6 路信号电路

6 路信号控制模块内部 6 个 IGBT 开关管的导通与截止，使模块输出频率与电压均可调的模拟三相交流电，6 路信号由室外机 CPU 输出。该电路主要由 CPU 和模块（11）等元器件组成。

（17）模块保护电路

模块保护信号由模块输出，送至室外机 CPU，该电路主要由模块和 CPU 组成。

（18）模块相电流保护电路

该电路的作用是在压缩机相电流过大时，控制模块停止工作，主要由模块保护集成电路（25）组成。

（19）模块温度反馈电路

该电路的作用是使 CPU 实时检测模块温度，信号由模块输出至 CPU。

第二节　直流 300V 电路和开关电源电路

一、　直流 300V 电路

图 7-6 为直流 300V 电压形成电路原理图，图 7-7 为主板的正面实物流程，图 7-8 为主板的反面实物流程。

1. 交流输入电路

压敏电阻 RV3 为过电压保护元件，当输入的电网电压过高时被击穿，使前端 15A 熔丝管 FU101 熔断进行保护；RV2、TVS2 组成防雷击保护电路，TVS2 为放电管；C100、L1 交流滤波电感、C106、C107、C104、C103、C105 组成交流滤波电路，具有双向作用，既能吸收电网中的谐波，防止对电控系统的干扰，又能防止电控系统的谐波进入电网。

2. 直流 300V 电压形成电路

直流 300V 电压为开关电源电路和模块供电，而模块的输出电压为压缩机供电，因而直流 300V 电压也间接为压缩机供电，所以直流 300V 电压形成电路工作在大电流状态。主要元器件为硅桥和滤波电容，硅桥将交流 220V 电压整流后变为脉动直流 300V 电压，而滤波电容将脉动直流 300V 电压经滤波后变为平滑的直流 300V 电压为模块供电。

交流输入 220V 电压中棕线 L 相线经 FU101 熔丝管、交流滤波电感 L1，由 PTC 电阻 RT1 和主控继电器 K1 触点组成防大电流充电电路，送至硅桥的交流输入端，蓝线 N 零线经滤波电感 L1 直接送至硅桥的另 1 个交流输入端，硅桥将交流 220V 整流成为脉动直流电，正极输出经外接的滤波电感、快恢复二极管 D203 送至滤波电容 C0202 和 C0203 正极，硅桥负极经电阻 RS226 连接电容负极，滤波电容形成直流 300V 电压，正极送至模块 P 端，负极经电阻 RS302、RS303、RS304 送至模块的 3 个 N 端下桥（N_U、N_V、N_W），为模块提供电源。

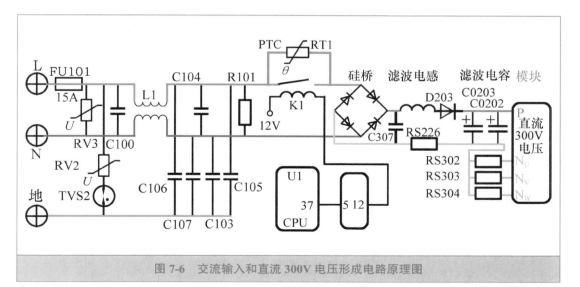

图 7-6　交流输入和直流 300V 电压形成电路原理图

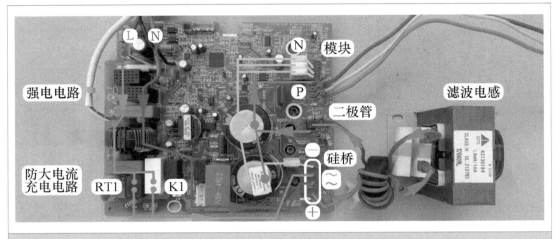

图 7-7　直流 300V 电压形成电路实物图（主板正面流程）

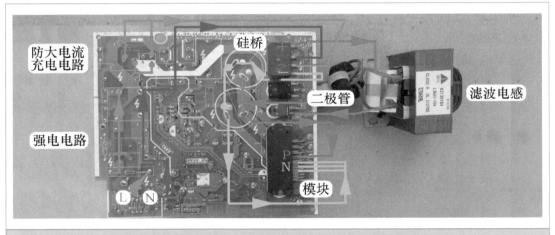

图 7-8　直流 300V 电压形成电路实物图（主板反面流程）

3．防大电流充电电路

由于为模块提供直流 300V 电压的滤波电容容量通常很大，如本机使用 2 个 680μF 电容并联，总容量为 1360μF，上电时如果直接为其充电，初始充电电流会很大，容易造成空调器插头与插座间打火或者断路器跳闸，甚至引起整流硅桥或 15A 供电熔丝管损坏，因此变频空调器室外机电控系统设有延时防瞬间大电流充电电路，本机由 PTC 电阻 RT1、主控继电器 K1 组成。

直流 300V 电压形成电路工作时分为 2 个步骤，第①步为初始充电，第②步为正常工作。

（1）初始充电

图 7-9 为初始充电时的工作流程。

室内机主板主控继电器触点闭合为室外机供电时，交流 220V 电压 N 端直接送至硅桥交流输入端，L 端经熔丝管 FU101、交流滤波电感 L1、延时防瞬间大电流充电电路后，送至硅桥的交流输入端。

此时主控继电器 K1 触点为断开状态，L 端电压经 PTC 电阻 RT1 送至硅桥的交流输入端，PTC 电阻为正温度系数的热敏电阻，阻值随温度上升而上升，刚上电时充电电流使 PTC 电阻温度迅速升高，阻值也随之增加，限制了滤波电容的充电电流，使其两端电压逐步上升至直流 300V，防止了由于充电电流过大而损坏整流硅桥的故障。

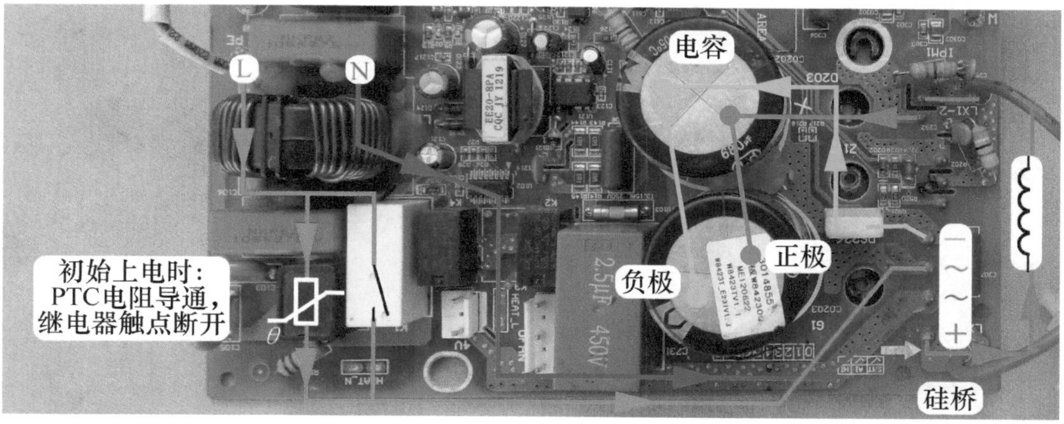

图 7-9 初始充电

（2）正常运行

图 7-10 为正常运行时的工作流程。

滤波电容两端的直流 300V 电压一路送到模块的 P、N 端子，另一路送到开关电源电路，开关电源电路开始工作，输出支路中的其中一路输出直流 5V 电压，经 3.3V 稳压集成电路后变为稳定的直流 3.3V，为室外机 CPU 供电，CPU 开始工作，其 ㊲ 脚输出高电平 3.3V 电压，经反相驱动器放大后驱动主控继电器 K1 线圈，线圈得电使得触点闭合，L 端相线电压经触点直接送至硅桥的交流输入端，PTC 电阻退出充电电路，空调器开始正常工作。

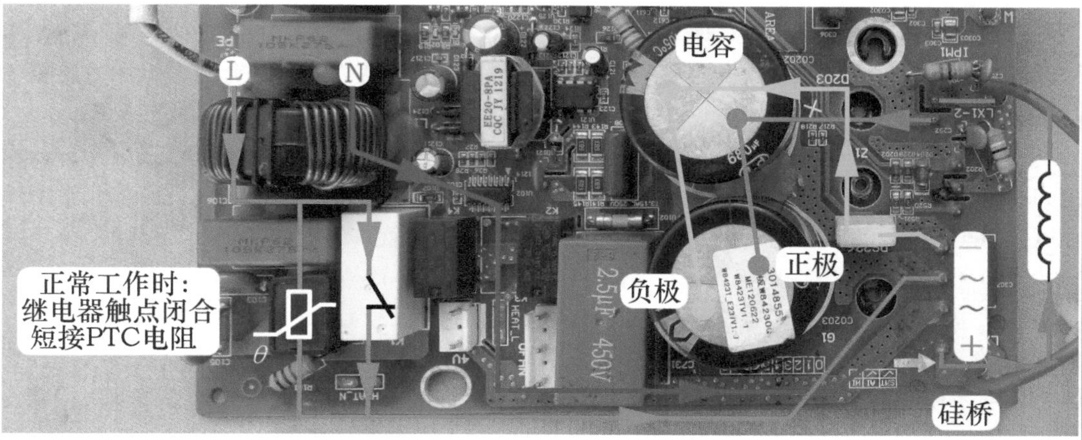

图 7-10 正常运行

二、 开关电源电路

1. 作用

本机使用集成电路型式的开关电源电路，其也可称为电压转换电路，就是将输入的直流300V 电压转换为直流 12V、5V、3.3V 为主板 CPU 等负载供电，以及转换为直流 15V 电压为模块内部控制电路供电。图 7-11 为室外机开关电源电路框图。

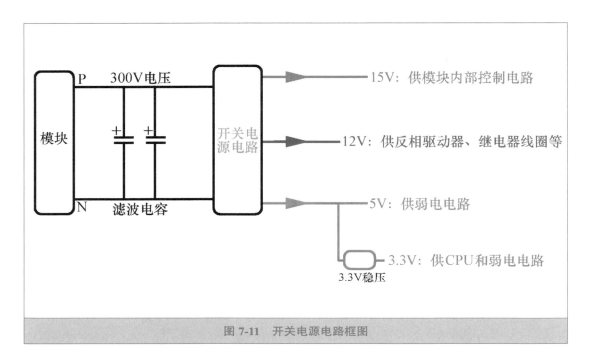

图 7-11 开关电源电路框图

2. 工作原理

图 7-12 为开关电源电路原理图。

（1）直流 300V 供电

交流滤波电感、PTC 电阻、主控继电器、硅桥、滤波电感和滤波电容组成直流 300V 电压形成电路，输出的直流 300V 电压主要为模块 P、N 端子供电，同时为开关电源电路提供电压。

模块输出供电，使压缩机工作，处于低频运行时模块 P、N 端电压约直流 300V；压缩机如升频运行，P、N 端子电压会逐步下降，但同时本机 PFC 电路开始工作，提高直流 300V电压数值至约为 330V，因此室外机开关电源电路供电为直流 300V 左右。

（2）P1027P65 引脚功能

开关电源电路以 P1027P65 开关振荡集成电路（主板代号 U121）为核心，双列 8 个引脚设计，引脚功能见表 7-3，其内置振荡电路和场效应开关管，振荡开关频率固定，通过改变脉冲宽度来调整占空比。其采用反激式开关方式，电网的干扰就不能经开关变压器直接耦合至二次绕组，具有较好的抗干扰能力。

表 7-3　P1027P65 引脚功能

引脚	符号	功能	电压	引脚	符号	功能	电压
①	VCC	电源	8.63V	⑤	D	开关管 - 漏极	300V
②	RC	斜坡补偿，接①脚	8.63V	⑥		空脚	
③	BO	电压检测	2.18V	⑦	OPP	过载保护，接⑧脚	0V
④	FB	输出电压反馈	0.57V	⑧	GND	地	0V

（3）开关振荡电路

见图 7-13 左图，直流 300V 电压正极经 3.15A 熔丝管 FU102、开关变压器 T121 的一次供电绕组（1-2）送至集成电路 U121 的⑤脚，接内部开关管漏极 D；直流 300V 负极接 U121 的⑧脚即内部开关管源极 S 和控制电路公共端的地。

U121 内部振荡器开始工作，驱动开关管的导通与截止，由于开关变压器 T121 一次供电绕组与二次绕组极性相反，U121 内部开关管导通时一次绕组存储能量，二次绕组因整流二极管 D125、D124、D123 承受反向电压而截止，相当于开路；U121 内部开关管截止时，T121 一次绕组极性变换，二次绕组极性同样变换，D125、D124、D123 正向偏置导通，一次绕组向二次绕组释放能量。

R141、R145、R143、R144、C1214、D121 组成钳位保护电路，吸收开关管截止时加在漏极 D 上的尖峰电压，并将其降至一定的范围之内，防止过电压损坏开关管。

（4）集成电路电源供电

见图 7-13 左图，开关变压器一次反馈绕组（3-4）的感应电压经二极管 D122 整流、电容 C122 和 C121 滤波、电阻 R124 限流，得到约直流 8.6V 电压，为 U121 的①脚内部电路供电。

（5）电压检测电路

U121 的③脚为电压检测引脚，见图 7-13 右图，当引脚电压高于 4V 时或等于 0V 时，均会控制开关电源电路停止工作。

电压检测电路的原理是对直流 300V 进行分压，上分压电阻是 R122、R127、R126，下分压电阻是 R123，R123 两端即为 U121 的③脚电压，U121 根据③脚电压判断直流 300V 电压是否过高或过低，从而对开关电源电路进行控制。

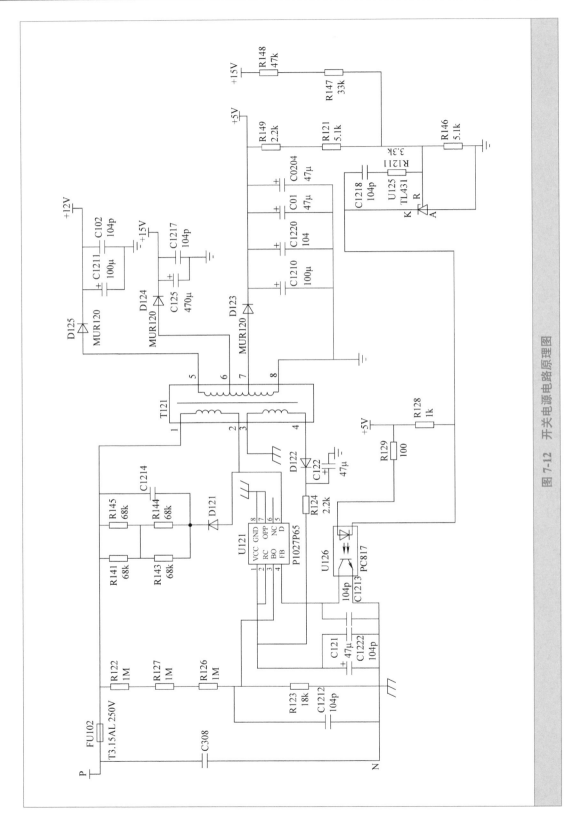

图 7-12 开关电源电路原理图

图 7-13　300V 供电 - 电源和电压检测电路

（6）输出负载

U121 内部开关管交替导通与截止，开关变压器二次绕组得到高频脉冲电压，在 6-8、5-8、7-8 端输出，其中 ⑧ 脚为公共端地，实物图见图 7-14 左图。

6-8 绕组经 D124 整流、C125 和 C1217 滤波，成为纯净的直流 15V 电压，为模块的内部控制电路和驱动电路供电。

5-8 绕组经 D125 整流、C1211 和 C102 滤波，成为纯净的直流 12V 电压，为反相驱动器和继电器线圈等电路供电。

7-8 绕组经 D123 整流、C1210、C1220、C01、C0204 滤波，成为纯净的直流 5V 电压，为指示灯等弱电电路和 3.3V 稳压集成电路供电。

（7）稳压控制

稳压电路采用脉宽调制方式，由分压电阻、三端误差放大器 U125（TL431）、光耦合器 U126 和 U121 的④脚组成。取样点为直流 5V 和直流 15V 电压，R146 为下分压电阻，5V 电压的上分压电阻为 R149 和 R121，15V 的上分压电阻为 R148 和 R147，2 路取样原理相同，以 5V 电压为例说明，实物见图 7-14 右图。

如因输入电压升高或负载发生变化引起直流 5V 电压升高，上分压电阻（R149 和 R121）与下分压电阻（R146）的分压点电压升高，U126（TL431）的①脚参考极（R）电压也相应升高，内部晶体管导通能力加强，TL431 的③脚阴极（K）电压降低，光耦合器 U126 初级两端电压上升，使得次级光敏晶体管导通能力加强，U121 的④脚电压上升，U121 内部电路通过减少开关管的占空比，开关管导通时间缩短而截止时间延长，开关变压器存储的能量变小，输出电压也随之下降。

如直流 5V 输出电压降低，TL431 的①脚参考极电压降低，内部晶体管导通能力变弱，TL431 的③脚阴极电压升高，光耦合器 U126 初级发光二极管两端电压降低，次级光敏晶体管导通能力下降，U121 的④脚电压下降，U121 通过增加开关管的占空比，开关变压器存储能量增加，输出电压也随之升高。

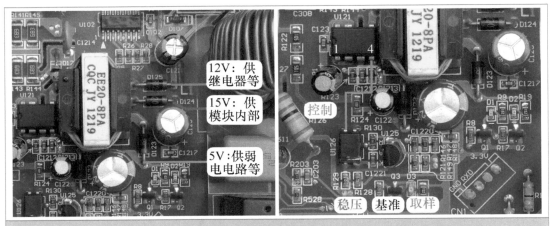

图 7-14　输出负载和稳压电路

3. 3.3V 电压产生电路

本机室外机 CPU 使用 3.3V 供电，而不是常见的 5V 供电，因此需要将 5V 电压转换为 3.3V，才能为 CPU 供电，实际电路使用 76633 芯片来转换，其共用 8 个引脚，其中①、②、③、④相通接公共端 GND 地，⑤、⑥相通为输入端，接 5V 电压，⑦、⑧相通为输出端，输出 3.3V 电压。

电路原理图见图 7-15 左图，实物图见图 7-15 右图，主板上的代号 U4 为 76633 电压转换集成电路。开关变压器 T121 二次输出 7-8 绕组经 D123 整流、C1210 滤波，产生直流 5V 电压，经 C01 和 C6 再次滤波，送至 U4 的输入端⑤、⑥脚，76633 内部电路稳压后，在⑦、⑧脚输出稳定的 3.3V 电压，为 CPU 和弱电电路供电。

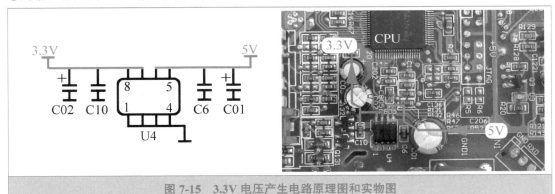

图 7-15　3.3V 电压产生电路原理图和实物图

第三节　输入部分电路

一、 存储器电路

1. 作用

存储器电路的作用是向 CPU 提供工作时所需要的参数和数据。存储器内部存储有压缩

机 U/f 值、电流保护值和电压保护值等数据，CPU 工作时调取存储器的数据对室外机电路进行控制。

2. 工作原理

图 7-16 为存储器电路原理图，图 7-17 为其实物图，表 7-4 为存储器电路关键点电压。

主板代号 U5 为存储器，使用的型号为 24C08。通信过程采用 I²C 总线方式，即 IC 与 IC 之间的双向传输总线，存储器有 2 条线：⑥脚为串行时钟线（SCL），⑤脚为串行数据线（SDA）。

时钟线传递的时钟信号由 CPU 输出，存储器只能接收；数据线传送的数据是双向的，CPU 可以向存储器发送信号，存储器也可以向 CPU 发送信号。

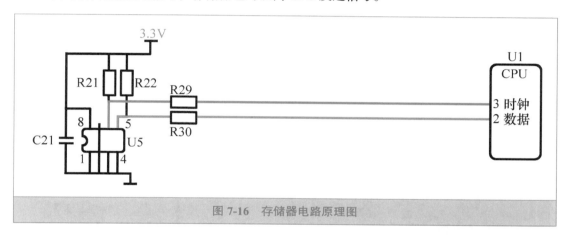

图 7-16　存储器电路原理图

表 7-4　存储器电路关键点电压

24C08 存储器引脚				CPU 引脚	
（①-②-③-④-⑦）脚	⑧脚	⑤脚	⑥脚	②脚	③脚
0V	3.3V	3.3V	3.3V	3.3V	3.3V

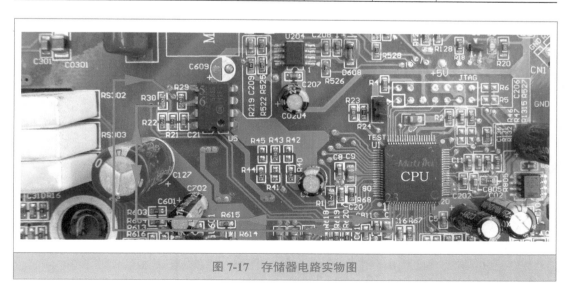

图 7-17　存储器电路实物图

3. 电路相关知识

① 存储器在主板上的英文符号为"IC 或 U"（代表为集成电路），常用的型号有 93C46 和 24C×× 系列（24C01、24C02、24C04、24C08 等）；其外观为黑色，位于 CPU 附近，通常为 8 个引脚双列设置。

② 存储器硬件一般不会损坏，常见故障为内部数据失效或 CPU 无法读取数据，出现如能开机但不制冷、风机转速不能调节等故障，CPU 会报出"存储器损坏"的故障代码。在实际检修中，单独使用万用表检修存储器电路比较困难，一般使用代换法。

二、 传感器电路

1. 室外环温传感器

图 7-18 为室外环温传感器的安装位置。

① 室外环温传感器的支架固定在冷凝器的进风面，作用是检测室外环境温度。

② 在制冷和制热模式，决定室外风机转速。

③ 在制热模式，与室外管温传感器检测到的温度组成进入除霜的条件。

室外环温：检测室外环境温度　　支架固定在冷凝器进风面

图 7-18　室外环温传感器的安装位置

2. 室外管温传感器

图 7-19 为室外管温传感器的安装位置。

① 室外管温传感器检测孔焊在冷凝器管壁，作用是检测室外机冷凝器温度。

② 在制冷模式，判定冷凝器过载。当室外管温 ≥ 70℃时，压缩机停机；当室外管温 ≤ 50℃时，3min 后自动开机。

③ 在制热模式，与室外环温传感器检测到的温度组成进入除霜的条件。空调器运行一段时间（约 40min），室外环温 > 3℃时，室外管温 ≤ –3℃，且持续 5min；或室外环温 < 3℃时，室外环温 – 室外管温 ≥ 7℃，且持续 5min。

④ 在制热模式，判断退出除霜的条件。当室外管温 > 12℃时或压缩机运行时间超过 8min。

室外管温：检测冷凝器温度

检测孔焊在冷凝器管壁

图 7-19 室外管温传感器的安装位置

3. 压缩机排气传感器

图 7-20 为压缩机排气传感器的安装位置。

① 压缩机排气传感器检测孔固定在排气管上面，作用是检测压缩机排气管温度。

② 在制冷和制热模式，压缩机排气管温度 ≤ 93℃，压缩机正常运行；93℃ < 压缩机排气管温度 < 115℃，压缩机运行频率被强制设定在规定的范围内或者降频运行；压缩机排气温度 > 115℃，压缩机停机；只有当压缩机排气管温度下降到 ≤ 90℃时，才能再次开机运行。

压缩机排气：检测排气管温度

检测孔固定在排气管上面

图 7-20 压缩机排气传感器的安装位置

4. 实物外形

3 个传感器实物外形见图 7-21。

室外环温传感器使用塑封探头，型号为 25℃ /15kΩ，安装在冷凝器的进风面，为防止冷凝器温度干扰，设在固定支架，并且传感器穿有塑料护套。

室外管温传感器使用铜头探头，型号为 25℃ /20kΩ，其引线最长，安装在冷凝器的管壁上面。

压缩机排气传感器使用铜头探头，型号为 25℃ /50kΩ，由于检测孔固定在压缩机排气管上面，因此使用耐高温的引线。

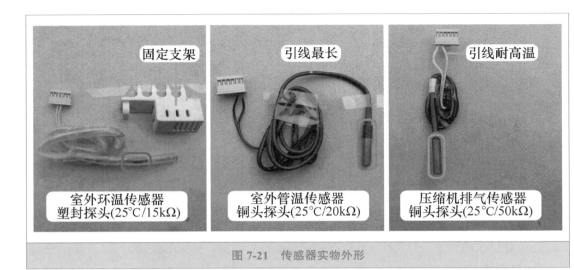

图 7-21　传感器实物外形

5. 工作原理

图 7-22 为室外机传感器电路原理图，图 7-23 为压缩机排气传感器信号流程。

CPU ⑯ 脚检测室外环温传感器温度、⑱ 脚检测室外管温传感器温度、⑮ 脚检测压缩机排气传感器温度。室外机 3 路传感器的工作原理相同，与室内机传感器电路工作原理也相同，均为传感器与偏置电阻组成分压电路，传感器为负温度系数（NTC）热敏电阻。

以压缩机排气传感器电路为例，如压缩机排气管温度由于某种原因升高，压缩机排气传感器温度也相应升高，其阻值变小，根据分压电路原理，分压电阻 R801 分得的电压也相应升高，输送到 CPU ⑮ 脚的电压升高，CPU 根据电压值计算得出压缩机排气管温度升高，与内置的程序相比较，对室外机电路进行控制，假如计算得出的温度 ≥ 98℃，则控制压缩机的频率禁止上升，≥ 103℃时对压缩机降频运行，≥ 110℃时控制压缩机停机，并将故障代码通过通信电路传送到室内机主板 CPU。

➡ 说明：室外温度约 25℃时，CPU 的室外环温和室外管温引脚电压约为 1.65V，压缩机排气引脚电压约 0.76V，当拔下传感器插头时 CPU 引脚电压为 0V。

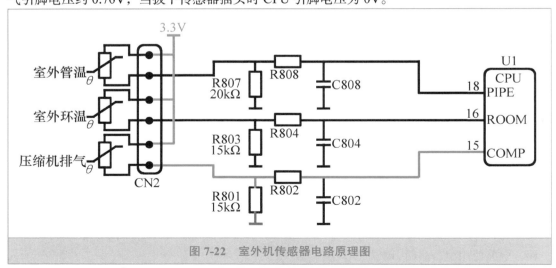

图 7-22　室外机传感器电路原理图

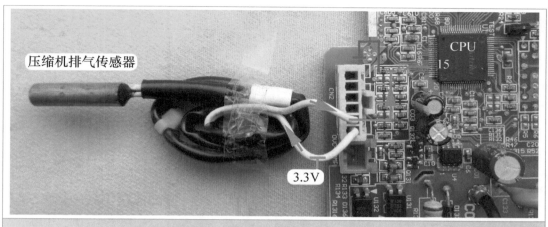

图 7-23 压缩机排气传感器信号流程

6. 传感器分压点电压

（1）室外环温传感器

格力空调器室外环温传感器型号通常为 25℃/15kΩ，分压电阻阻值为 15kΩ，本机传感器电路供电电压为 3.3V，而不是常见的直流 5V，制冷和制热模式常见温度与电压的对应关系见表 7-5。

室外环温传感器测量温度范围，制冷模式在 20~40℃之间，制热模式在 -10~10℃之间。

表 7-5　室外环温传感器温度与电压对应关系

温度 /℃	-10	-5	0	5	20	25	35	50	70
阻值 /kΩ	82.7	65.5	49	38.2	18.75	15	9.8	5.4	2.6
CPU 电压 /V	0.51	0.61	0.77	0.93	1.47	1.65	2	2.43	2.8

（2）室外管温传感器

格力空调器室外管温传感器型通常为 25℃/20kΩ，分压电阻阻值为 20kΩ，制冷和制热模式常见温度与电压的对应关系见表 7-6。

室外管温传感器测量温度范围，制冷模式在 20~70℃之间（包括未开机时），制热模式在 -15~10℃之间（包括未开机时）。

表 7-6　室外管温传感器温度与电压对应关系

温度 /℃	-10	-5	0	5	20	25	35	50	70
阻值 /kΩ	110	84.6	65.4	50.9	25	20	13	7.2	3.5
CPU 电压 /V	0.5	0.63	0.78	0.93	1.47	1.65	2	2.43	2.8

（3）压缩机排气传感器

格力空调器压缩机排气传感器型号通常为 25℃/50kΩ，分压电阻阻值为 15kΩ，制冷和制热模式常见温度与电压的对应关系见表 7-7。

压缩机排气传感器测量温度范围，制冷模式未开机时在 20~40℃之间，制热模式未开机时在 -10~10℃之间，正常运行时在 80~90℃之间，制冷系统出现故障时有可能在 90 ~ 110℃之间。

表 7-7　压缩机排气传感器温度与电压关系

温度 /℃	-5	5	25	35	80	90	95	100	110
阻值 /kΩ	209	126	50	32.1	6.1	4.5	3.8	3.3	2.5
CPU 电压 /V	0.22	0.35	0.76	1.05	2.35	2.54	2.63	2.7	2.83

三、 温度开关电路

1. 安装位置和作用

压缩机运行时壳体温度如果过高，内部机械部件会加剧磨损，压缩机线圈绝缘层容易因过热击穿发生短路故障。室外机 CPU 检测压缩机排气传感器温度，如果高于 103℃则会控制压缩机降频运行，使温度降到正常范围以内。

为防止压缩机过热，室外机电控系统还设有压缩机顶盖温度开关作为第二道保护，安装位置见图 7-24，作用是即使压缩机排气传感器损坏，压缩机运行时如果温度过高，室外机 CPU 也能通过顶盖温度开关检测。

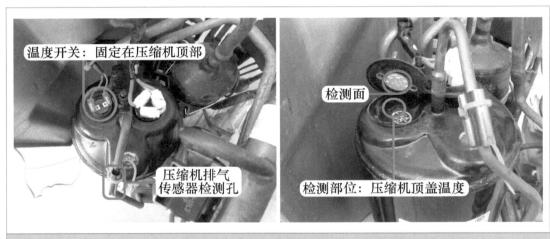

图 7-24　温度开关的安装位置

顶盖温度开关实物外形见图 7-25，作用是检测压缩机顶部（顶盖）温度，正常情况温度开关触点闭合，对室外机运行没有影响；当压缩机顶部温度超过 115℃时，温度开关触点断开，室外机 CPU 检测后控制压缩机停止运行，并通过通信电路将信息传送至室内机主板CPU，报出"压缩机过载保护或压缩机过热"的故障代码。

压缩机停机后，顶部温度逐渐下降，当下降到 95℃时，温度开关触点恢复闭合。

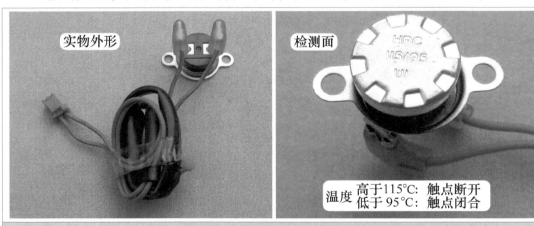

图 7-25　温度开关实物外形

2. 工作原理

图 7-26 为压缩机顶盖温度开关电路原理图，图 7-27 为实物图，表 7-8 为温度开关状态与 CPU 引脚电压的对应关系，该电路的作用是检测压缩机顶盖温度开关状态。

电路在两种情况下运行，即温度开关为闭合状态或断开状态，插座设计在室外机主板上，CPU 根据引脚电压为高电平或低电平，检测温度开关的状态。

制冷系统正常运行时压缩机顶部温度约为 85℃，温度开关触点为闭合状态，CPU ⑥脚为高电平 3.3V，对电路没有影响。

如果运行时压缩机排气传感器失去作用或其他原因，使得压缩机顶部温度大于 115℃，温度开关触点断开，CPU ⑥脚经电阻 R810、R815 接地，电压由 3.3V 高电平变为 0.6V 的低电平，CPU 检测到后立即控制压缩机停机。

从上述原理可以看出，CPU 根据⑥脚电压即能判断温度开关的状态。电压为高电平 3.3V 时判断温度开关触点闭合，对控制电路没有影响；电压为低电平 0.6V 时判断温度开关触点断开，压缩机壳体温度过高，控制压缩机立即停止运行，并通过通信电路将信息传送至室内机主板 CPU，显示"压缩机过载保护或压缩机过热"的故障代码，供维修人员查看。

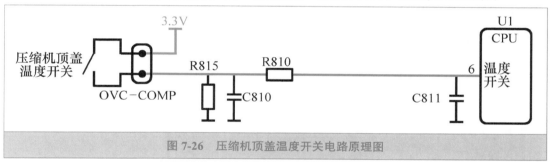

图 7-26　压缩机顶盖温度开关电路原理图

表 7-8　温度开关状态与 CPU 引脚电压的对应关系

	OVC-COMP 插座下端电压	**CPU ⑥脚电压**
温度开关触点闭合	3.3V	3.3V
温度开关触点断开	0.6V	0.6V

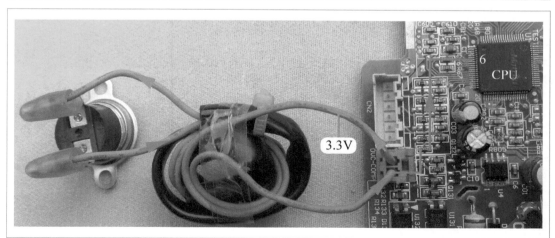

图 7-27　顶盖温度开关电路实物图

3. 常见故障

电路的常见故障是温度开关在静态（即压缩机未起动、顶盖温度为常温或温度较低）时为断开状态，引起室外机不能运行的故障。检测时使用万用表电阻档测量引线插头，见图 7-28，正常阻值为 0Ω；如果测量结果为无穷大，则为温度开关损坏，应急维修时可将引线剥开，直接短路使用，等有配件时再更换。

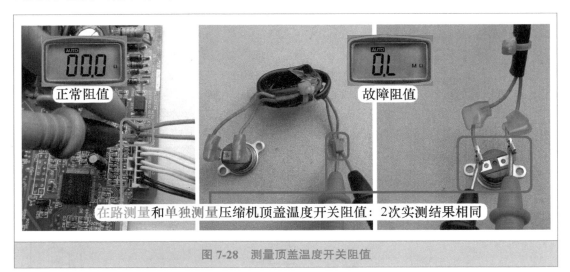

图 7-28　测量顶盖温度开关阻值

四、　电压检测电路

1. 作用

空调器在运行过程中，如输入电压过高，相应直流 300V 电压也会升高，容易引起模块和室外机主板过热、过电流或过电压损坏；如输入电压过低，制冷量下降达不到设计的要求，并且容易损坏电控系统和压缩机。因此室外机主板设置电压检测电路，CPU 检测输入的交流电源电压，在过高（超过交流 260V）或过低（低于交流 160V）时停机进行保护。

目前的电控系统中通常使用通过电阻检测直流 300V 母线电压，室外机 CPU 通过软件计算得出输入的交流电压。

➡ 说明：早期的电控系统通常使用电压检测变压器来检测输入的交流 220V 电压。

2. 工作原理

图 7-29 为电压检测电路原理图，图 7-30 为其实物图，表 7-9 为 CPU 引脚电压与交流输入电压对应关系。该电路的作用是计算输入的交流电源电压，当电压高于交流 260V 或低于 160V 时停机，以保护压缩机和模块等部件。

本机电路未使用电压检测变压器等元器件检测输入的交流电压，而是通过电阻检测直流 300V 母线电压，再经软件计算出实际的交流电压值，参照的原理是交流电压经整流和滤波后，乘以固定的比例（近似 1.36）即为输出直流电压，即交流电压乘以 1.36 即等于直流电压数值。CPU 的 ㉙ 脚为电压检测引脚，根据引脚电压值计算出输入的交流电压值。

电压检测电路由电阻 R201、R203 和电容 C203、C202 组成，从图 7-29 可以看出，基本工作原理就是分压电路，取样点为直流 300V 母线电压正极，R201（820kΩ）为上偏置电阻，

R203（5.1kΩ）为下偏置电阻，R203 的阻值在分压电路所占的比例约为 1/162 [R_{203}/（R_{201}+R_{203}），即 5.1/（820+5.1）]，R203 两端电压送至 CPU ㉙ 脚，相当于 CPU ㉙ 脚电压值乘以 162 等于直流电压值，再除以 1.36 就是输入的交流电压值。

比如 CPU ㉙ 脚当前电压值为 1.85V，则当前直流电压值为 300V（1.85V×162），当前输入的交流电压值为 220V（300V/1.36）。

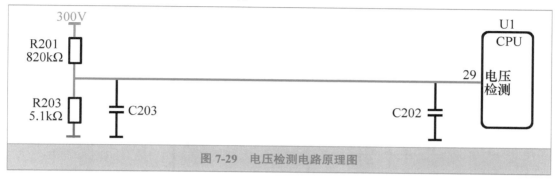

图 7-29　电压检测电路原理图

表 7-9　CPU 引脚电压与交流输入电压的对应关系

CPU ㉙ 脚直流电压 /V	直流 300V 电压正极 /V	对应输入的交流电压 /V	CPU ㉙ 脚直流电压 /V	直流 300V 电压正极 /V	对应输入的交流电压 /V
1.26	204	150	1.34	218	160
1.43	231	170	1.51	245	180
1.59	258	190	1.68	272	200
1.77	286	210	1.85	299	220
1.92	312	230	2.01	326	240
2.11	340	250	2.18	353	260

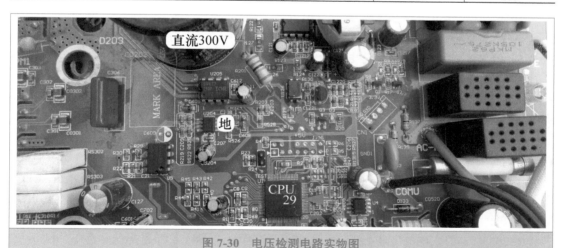

图 7-30　电压检测电路实物图

五、　位置检测和相电流检测电路

1. 作用

该电路的作用是实时检测压缩机转子的位置，同时作为压缩机的相电流电路，输送至室外机 CPU 和模块的电流保护引脚。

CPU 在驱动模块控制压缩机时,需要实时检测转子位置以便更好地控制,本机压缩机电机使用永磁同步电机(PMSM),或称为正弦波永磁同步电机,具有线圈绕组利用效率高、控制精度高等优点,同时使用无位置传感器算法来检测转子位置。检测原理是通过串联在三相下桥 IGBT 发射极的取样电阻,取样电阻将电流的变化转化为电压的变化,经放大后输送至CPU,由 CPU 通过计算和处理,计算出压缩机转子的位置。

2. OPA4374 引脚功能

电路使用 OPA4374 集成电路作为放大电路,内含 4 路相同的电压运算放大器,引脚功能见表 7-10,其为双列 14 个引脚,④脚为 5V 供电,⑪脚接地。

表 7-10　OPA4374 引脚功能

①	②	③	④	⑤	⑥	⑦
输出 1	反相输入 1	同相输入 1	电源 VCC	同相输入 2	反相输入 2	输出 2
放大器 1(A)			5V	放大器 2(B)		
⑧	⑨	⑩	⑪	⑫	⑬	⑭
输出 3	反相输入 3	同相输入 3	地 VSS	同相输入 4	反相输入 4	输出 4
放大器 3(C)			0V	放大器 4(D)		

3. 工作原理

图 7-31 为相电流检测电路原理图,图 7-32 为 V 相电流检测电路实物图,表 7-11 为待机状态下 U601 和 CPU 的引脚电压。

模块三相下桥的 IGBT 经无感电阻连接至滤波电容负极,在压缩机运行时,三相 IGBT 有电流通过,电阻两端产生压降,经运行放大器 U601 放大后分为 2 路,1 路送到 CPU,由 CPU 经过运算和处理,分析出压缩机转子位置和三相的相电流;另 1 路将 3 路相电流汇总后,送至模块电流保护引脚,以防止压缩机相电流过大时损坏模块或压缩机。

模块 U 相下桥 IGBT(N_U 或 Q4)发射极经 RS302、V 相下桥 IGBT(N_V 或 Q5)发射极经 RS303、W 相下桥 IGBT(N_W 或 Q6)发射极经 RS304,均连接至滤波电容负极,RS302、RS303、RS304 均为 0.015Ω 无感电阻,作为相电流检测电路的取样电阻。

U601(OPA4374)为 4 通道运算放大器,其中放大器 4(⑫脚、⑬脚、⑭脚)放大 U 相电流、放大器 1(①脚、②脚、③脚)放大 V 相电流、放大器 2(⑤脚、⑥脚、⑦脚)放大 W 相电流。

三相相电流放大电路原理相同,以 V 相电流为例。由于电阻 RS303 阻值过小,当有电流通过时经 U601 放大后,电压依旧很低,CPU 不容易判断,因此使用 U601 的放大器 3(⑧脚、⑨脚、⑩脚)提供基准电压。3.3V 电压经 R601(10kΩ)、R602(10kΩ)进行分压,⑩脚同相输入端电压约为 1.6V,放大器 3 进行 1:1 放大,在⑧脚输出 1.64V 电压,经 R610 送至③脚同相输入端(0.3V)作为基准电压。

RS303 获得的取样电压经 R606 送至 U601 同相输入③脚,和基准电压相叠加,U601 放大器 1 将 RS303 的 V 相取样电流和基准电压放大约 5.54 倍,在 U601 的①脚输出,分为 2 路,1 路经 R619 送至 CPU ⑭脚,供 CPU 检测 V 相电流,并依据 ⑫脚 U 相电流、⑬脚 W 相电流综合分析,得出压缩机转子位置;另 1 路经 D603 送至模块电流检测保护电路(同时还有 U 相电流经 D601、W 相电流经 D602),当 U 相或 V 相或 W 相任意一相电流过大时,模块保护电路动作,室外机停止运行。

放大倍数计算方法:$(R_{613}+R_{605}) \div R_{605}=(10 + 2.2) \div 2.2 \approx 5.55$。

表 7-11　待机状态下 U601 和 CPU 的引脚电压

U601					U601			CPU
④	⑪	⑩	⑨	⑧	⑫	⑬	⑭	⑫
5V	0V	1.6V	1.6V	1.6V	0.3V	0.3V	1.6V	1.6V

U601			CPU	U601			CPU
③	②	①	⑭	⑤	⑥	⑦	⑬
0.3V	0.3V	1.6V	1.6V	0.3V	0.3V	1.6V	1.6V

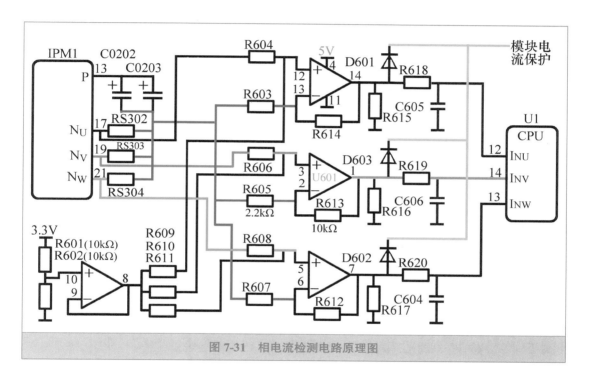

图 7-31　相电流检测电路原理图

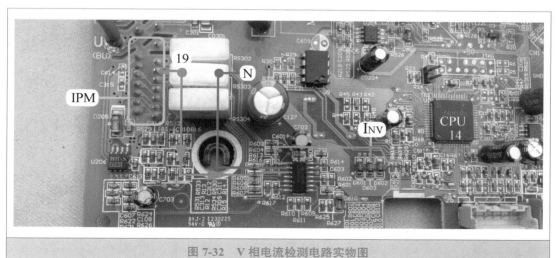

图 7-32　V 相电流检测电路实物图

第四节　输出部分电路

一、指示灯电路

1. 作用

该电路的作用是显示室外机的运行状态、故障代码显示、压缩机限频因素，以及显示通信电路的工作状况。见图 7-34 左图，设有 3 个指示灯，D1 红灯、D2 绿灯、D3 黄灯，3 个指示灯在显示时不是以亮、灭、闪的组合显示室外机状态，而是相对独立，互不干扰，在查看时需要注意。

D2 绿灯为通信状态指示灯，通信电路正常工作时其持续闪烁，熄灭时则表明通信电路出现故障。

D1 红灯和 D3 黄灯则是以闪烁的次数表示当前的故障或状态。D1 红灯最多闪烁 8 次，可指示 8 个含义，例如闪烁 7 次时为压缩机排气传感器故障；D3 黄灯最多闪烁 16 次，可指示 16 个含义，例如闪烁 9 次时为功率模块保护。

在室外机运行时通常为 3 个指示灯均在闪烁，但含义不同。D2 绿灯闪烁表示通信电路正常，D1 红灯闪烁 8 次含义为达到开机温度，D3 黄灯闪烁 1 次表示 CPU 已输出信号驱动压缩机运行。

2. 工作原理

图 7-33 为指示灯电路原理图，图 7-34 右图为其实物图，表 7-12 为 CPU 引脚电压与指示灯状态的对应关系。3 路指示灯工作原理相同，以 D3 黄灯为例说明。

当 CPU 需要控制 D3 点亮时，其 56 脚输出约 3.3V 的高电平电压，经 R18 限流后，送至 Q3 基极，电压约为 0.7V，Q3 集电极和发射极导通，5V 电压正极经 R20、D3、Q3 集电极和发射极到地形成回路，发光二极管 D3 两端电压约为 1.9V 而点亮。

当 CPU 需要控制 D3 熄灭时，其 56 脚输出 0V 的低电平电压，Q3 基极电压为 0V，集电极和发射极截止，D3 两端电压为 0V 而熄灭。

如果 CPU 持续地输出高电平（3.3V）- 低电平（OV）- 高电平 - 低电平，则指示灯显示为闪烁状态，CPU 可根据当前的状态，在 1 个循环周期内控制指示灯点亮的次数，从而显示相对应的故障代码或运行状态。

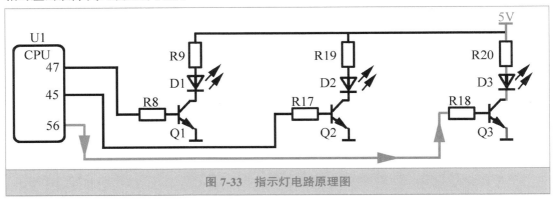

图 7-33　指示灯电路原理图

表 7-12　CPU 引脚电压与指示灯状态的对应关系

CPU ㊺ 脚	Q3 基极	Q3 集电极	D3 两端	D3 状态
3.3V	0.7V	0.01V	1.9V	点亮
0V	0V	4.5V	− 3V	熄灭

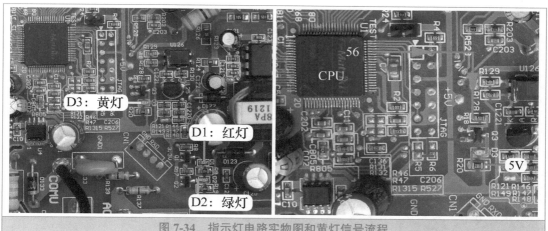

图 7-34　指示灯电路实物图和黄灯信号流程

二、　主控继电器电路

1. 作用

主控继电器为室外机供电，并与 PTC 电阻组成延时防瞬间大电流充电电路，对直流 300V 滤波电容充电。上电初期，交流电源经 PTC 电阻、硅桥为滤波电容充电，两端的直流 300V 电压其中 1 路为开关电源电路供电，开关电源电路工作后输出电压，其中的 1 路直流 5V 经集成电路转换为 3.3V 电压为室外机 CPU 供电，CPU 工作后控制主控继电器触点闭合，由主控继电器触点为室外机供电。

2. 工作原理

图 7-35 为主控继电器电路原理图，图 7-36 为其实物图，表 7-13 为 CPU 引脚电压与室外机状态的对应关系。

CPU 需要控制 K1 触点闭合时，㊲ 脚输出高电平 3.3V 电压，送到反相驱动器 U102 的 ⑤脚，内部电路翻转，对应输出端⑫脚电压变为低电平（约 0.8V），主控继电器 K1 线圈两端电压为直流 11.2V，产生电磁力，使触点 3-4 闭合。

CPU 需要控制 K1 触点断开时，㊲ 脚为低电平 0V，U102 的⑤脚电压也为 0V，内部电路不能翻转，⑫脚为高电平 12V，K1 线圈两端电压为直流 0V，由于不能产生电磁力，触点 3-4 断开。

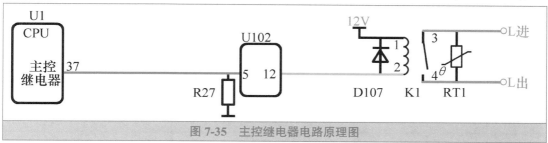

图 7-35　主控继电器电路原理图

表 7-13　CPU 引脚电压与室外机状态的对应关系

CPU ㊲ 脚	U102 ⑤脚	U102 ⑫ 脚	K1 线圈 1-2 电压	K1 触点 3-4 状态	室外机状态
直流 0V	直流 0V	直流 12V	直流 0V	断开	初始上电
直流 3.3V	直流 3.3V	直流 0.8V	直流 11.2V	闭合	正常运行

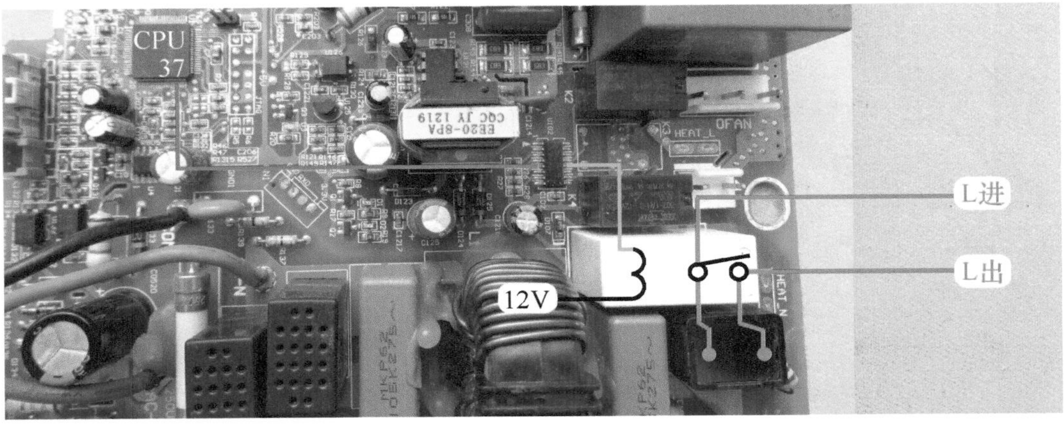

图 7-36　主控继电器电路实物图

三、室外风机电路

1. 作用

室外机 CPU 根据室外环温传感器和室外管温传感器的温度信号，处理后控制室外风机运行，为冷凝器散热。

2. 工作原理

图 7-37 为室外风机电路原理图，图 7-38 为其实物图，表 7-14 为 CPU 引脚电压与室外风机状态的对应关系。

该电路的工作原理和主控继电器电路基本相同，需要控制室外风机运行时，CPU ㊶ 脚输出高电平 3.3V 电压，送至反相驱动器 U102 的③脚，内部电路翻转，对应输出端⑭脚电压变为低电平约 0.8V，继电器 K2 线圈两端电压为直流 11.2V，产生电磁力使触点 3-4 闭合，室外风机线圈得到供电，在电容的作用下旋转运行，为冷凝器散热。

室外机 CPU 需要控制室外风机停止运行时，㊶ 脚变为低电平 0V，U102 的③脚也为低电平 0V，内部电路不能翻转，⑭脚为高电平 12V，K2 线圈两端电压为直流 0V，由于不能产生电磁力，触点 3-4 断开，室外风机因失去供电而停止运行。

表 7-14　CPU 引脚电压与室外风机状态的对应关系

CPU ㊶ 脚	U102 ③ 脚	U102 ⑭ 脚	K2 线圈 1-2 电压	K2 触点 3-4 状态	室外风机状态
直流 3.3V	直流 3.3V	直流 0.8V	直流 11.2V	闭合	运行
直流 0V	直流 0V	直流 12V	直流 0V	断开	停止

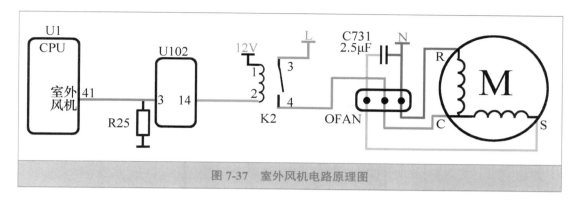

图 7-37　室外风机电路原理图

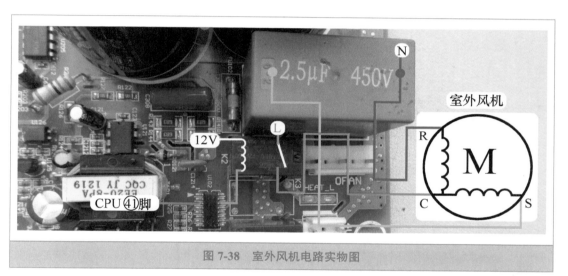

图 7-38　室外风机电路实物图

四、　四通阀线圈电路

1. 作用

该电路的作用是控制四通阀线圈的供电和断电，从而控制空调器工作在制冷或制热模式。

2. 工作原理

图 7-39 为四通阀线圈电路原理图，图 7-40 为其实物图，表 7-15 为 CPU 和 U102 引脚电压与四通阀线圈状态的对应关系。

室内机 CPU 对遥控器输入信号或应急开关模式下的室内环温传感器温度处理后，空调器需要工作在制热模式时，将控制信息通过通信电路传送至室外机 CPU，其 ㉝ 脚输出高电平 3.3V 电压，送至反相驱动器 U102 的⑦脚，内部电路翻转，对应输出端 ⑩ 脚电压变为低电平（约 0.8V），继电器 K4 线圈两端电压为直流 11.2V，产生电磁力使触点 3-4 闭合，四通阀线圈得到交流 220V 电源，吸引四通阀内部磁铁移动，在压力的作用下转换制冷剂流动的方向，使空调器工作在制热模式。

当空调器需要工作在制冷模式时，室外机 CPU ㉝ 脚为低电平 0V，U102 的⑦脚电压也为 0V, 内部电路不能翻转, ⑩ 脚为高电平 12V, K4 线圈两端电压为直流 0V, 由于不能产生电磁力, 触点 3-4 断开, 四通阀线圈两端电压为交流 0V, 对制冷系统中制冷剂流动方向的改变不起作用, 空调器工作在制冷模式。

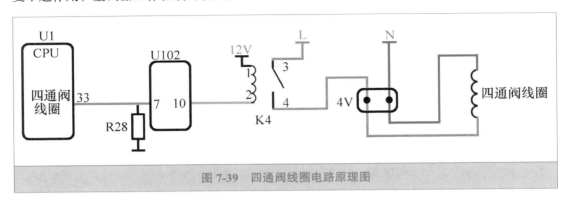

图 7-39　四通阀线圈电路原理图

表 7-15　CPU 和 U102 引脚电压与四通阀线圈状态的对应关系

CPU ㉝ 脚	U102 ⑦脚	U102 ⑩ 脚	K4 线圈 1-2 电压	K4 触点 3-4 状态	四通阀线圈电压	空调器工作模式
直流 3.3V	直流 3.3V	直流 0.8V	直流 11.2V	闭合	交流 220V	制热
直流 0V	直流 0V	直流 12V	直流 0V	断开	交流 0V	制冷

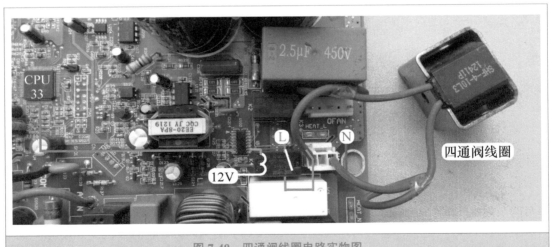

图 7-40　四通阀线圈电路实物图

五、　PFC 电路

1. 作用

变频空调器中, 由模块内部 6 个 IGBT 开关管组成的驱动电路, 输出频率和电压均可调的模拟三相电驱动压缩机运行。由于 IGBT 开关管处于高速频繁开和关的状态，使得电路中的电流相对于电压的相位发生畸变，造成电路中的谐波电流成分变大，功率因数降低，PFC 电路的作用就是降低谐波成分，使电路的谐波指标满足国家 CCC 认证要求。

工作时 PFC 控制电路检测电压的零点和电流的大小，然后通过系列运算，对畸变严重零点附近的电流波形进行补偿，使电流的波形尽量跟上电压的波形，达到消除谐波的目的。

2. S4427 引脚功能

主板代号 U205 使用的型号为 S4427，是 IR 公司生产的双通道驱动器、用于驱动 MOS 管或 IGBT 开关管的专用集成电路，引脚功能见表 7-16，其为双列 8 个引脚，⑥脚为直流 15V 供电，③脚接地，本机使用时 2 路驱动器并联。

表 7-16 S4427 引脚功能

引脚	①	②	③	④	⑤	⑥	⑦	⑧
功能	空	输入 1	GND	输入 2	输出 2	供电	输出 1	空

3. 工作原理

图 7-41 为 PFC 电路原理图，图 7-42 为其实物图。

变频空调器通常使用升压型式的 PFC 电路，不仅能提高功率因数，还可以提升直流 300V 电压数值，使压缩机在高频运行时滤波电容两端的电压不会下降很多甚至上升。PFC 升压电路主要由滤波电感、IGBT 开关管 Z1、升压二极管（快恢复二极管）D203、滤波电容等组成。

CPU ⑭ 脚输出 IGBT 驱动信号，同时送至 U205 的②脚和④脚输入端，经 U205 放大信号后，在⑤脚和⑦脚输出，驱动 IGBT 开关管 Z1 的导通和截止。

当 IGBT 开关管 Z1 导通时，滤波电感存储能量，在 Z1 截止时，滤波电感产生左负右正的电压，经 D203 为 C0202 和 C0203 充电。当压缩机高频运行时，消耗功率比较大，CPU 控制 Z1 导通时间长、截止时间短，使滤波电感存储能量增加，和硅桥整流的电压相叠加，从而提高滤波电容输出的直流 300V 电压送至模块 P-N 端子。

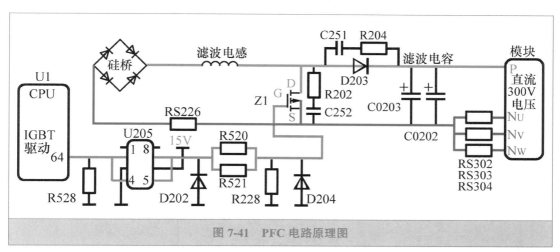

图 7-41 PFC 电路原理图

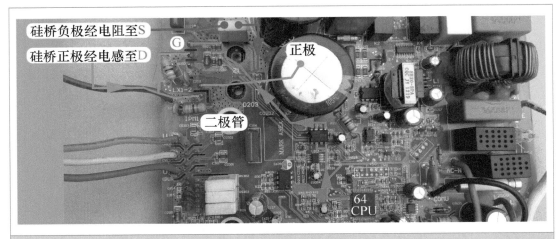

硅桥负极经电阻至S
硅桥正极经电感至D
G
正极
二极管
64 CPU

图 7-42　PFC 电路实物图

第五节　模块电路

一、　6 路信号电路

本机使用国际整流器公司（IR）生产的模块（IPM），型号为 IRAM136-1061A2，单列封装，输出功率为 0.25 ～ 0.75kW，电流为 10 ～ 12A，电压为 85 ～ 253V。

模块内置有用于驱动 IGBT 开关管的高速驱动集成电路并且兼容 3.3V，集成自举升压二极管，减少了主板外围元器件；内置高精度的温度传感器并反馈至室外机 CPU，使 CPU 可以实时监控模块温度，同时具有短路、过电流等多种保护电路。

1. 引脚功能

图 7-43 为 IRAM136-1061A2 实物外形，模块标称为 29 个引脚，其中③、④、⑦、⑧、⑪、⑫、⑭、⑮ 脚为空脚，实际共有 21 个引脚，引脚功能见表 7-17。

图 7-44 为模块内部结构，主要由驱动电路、6 个 IGBT 开关管、6 个与 IGBT 并联的续流二极管等组成，IGBT 开关管代号为 Q1、Q2、Q3、Q4、Q5、Q6。

（1）直流 300V 供电（4 个引脚）

IGBT 开关管 Q1、Q2、Q3 的集电极连在一起接 ⑬ 脚（V + 或 P），外接直流 300V 电压正极，因此 Q1、Q2、Q3 称为上桥 IGBT。

Q4 发射极接 ⑰ 脚（VRU 或 NU）、Q5 发射极接 19 脚（VRV 或 NV）、Q6 发射极接 21 脚（VRW 或 NW），这 3 个引脚通过电阻接直流 300V 电压负极，因此 Q4、Q5、Q6 称为下桥 IGBT。

（2）三相输出（3 个引脚和 3 个自举升压电路引脚）

上桥 Q1 的发射极和下桥 Q4 的集电极相通，即上桥和下桥 IGBT 的中点，接 ⑩ 脚（U 或 VS1），外接压缩机 U 相线圈，⑨脚为 U 相自举升压电路。

同理，Q2 和 Q5 中点接⑥脚（V 或 VS2），⑤脚为 V 相自举升压电路；Q3 和 Q6 中点接②脚（W 或 VS3），①脚为 W 相自举升压电路。

其中⑩脚 U、⑥脚 V、②脚 W 共 3 个引脚为输出，接压缩机线圈，驱动压缩机运行。

（3）15V 供电（2 个引脚）

模块内部设有高速驱动电路，其有供电模块才能工作，供电电压为直流 15V，㉘脚 VCC 为 15V 供电正极，㉙脚 VSS 为公共端接地。

（4）6 路信号（6 个引脚）

⑳脚（HIN1 或 U +）驱动 Q1，㉔脚（LIN1 或 U -）驱动 Q4，㉒脚（HIN2 或 V +）驱动 Q2，㉕脚（LIN2 或 V -）驱动 Q5，㉓脚（HIN3 或 W +）驱动 Q3，㉖脚（LIN3 或 W -）驱动 Q6。

（5）故障保护和反馈（3 个引脚）

⑯脚为电流保护输入（ITRIP），由相电流电路输出至模块；⑱脚为故障输出（$\overline{\text{FLT/EN}}$ 或 FO），由模块输出至 CPU；㉗脚为温度反馈（VTH），由模块输出至 CPU。

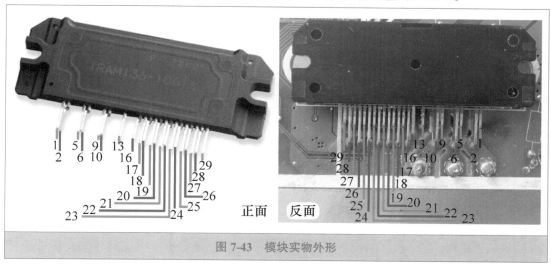

图 7-43　模块实物外形

表 7-17　IRAM136-1061A2 引脚功能

引脚	名称	作用	引脚	名称	作用	说明
13	V +	300V 正极 P 端输入	17	VRU	300V 负极 U 相输入	直流 300V 电压输入
19	VRV	300V 负极 V 相输入	21	VRW	300V 负极 W 相输入	
9	VB1	U 相自举升压电路	10	U	U 输出，接压缩机线圈	U-V-W 输出
5	VB2	V 相自举升压电路	6	V	V 输出，接压缩机线圈	
1	VB3	W 相自举升压电路	2	W	W 输出，接压缩机线圈	
28	VCC	内部电路 15V 供电正极	29	VSS	内部电路 15V 供电负极	内部电路供电
20	HIN1	U 相上桥输入（U +）	24	LIN1	U 相下桥输入（U -）	6 路信号
22	HIN2	V 相上桥输入（V +）	25	LIN2	V 相下桥输入（V -）	
23	HIN3	W 相上桥输入（W +）	26	LIN3	W 相下桥输入（W -）	
16	ITRIP	电流保护	18	$\overline{\text{FLT/EN}}$	故障输出	故障保护
27	VTH	温度反馈				温度反馈

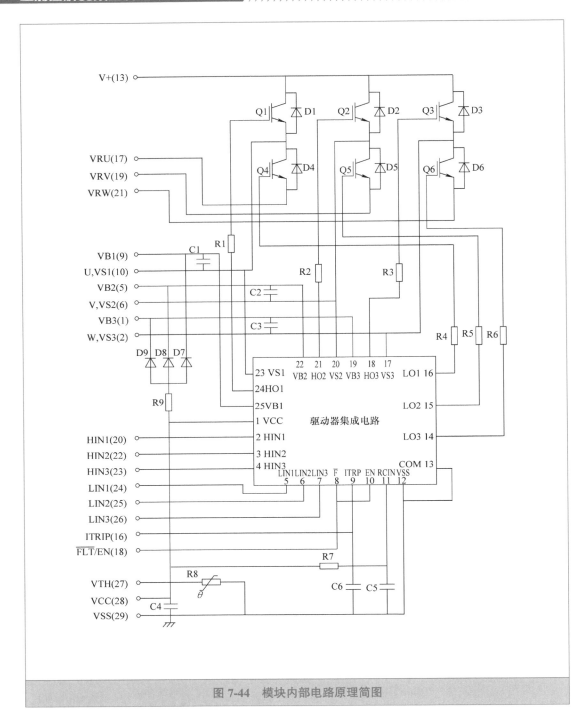

图 7-44　模块内部电路原理简图

2. 驱动流程

图 7-45 为模块应用电路原理图，图 7-46 为 6 路信号驱动压缩机流程实物图。驱动流程如下：① - 室外机 CPU 输出 6 路信号→② - 模块放大→③ - 压缩机运行。

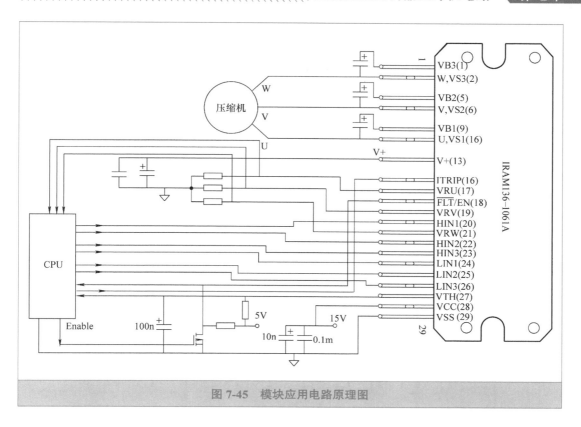

图 7-45　模块应用电路原理图

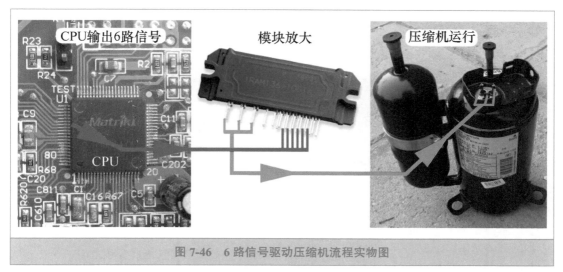

图 7-46　6 路信号驱动压缩机流程实物图

3. 工作原理

图 7-47 为 6 路信号电路原理图，图 7-48 左图为 6 路信号电路实物图，图 7-48 右图为 U +
驱动流程。

室外机 CPU 接收室内机主板的信息，并根据当前室外机的电压等数据，需要控制压缩
机运行时，其输出有规律的 6 路信号，直接送至模块内部电路，驱动内部 6 个 IGBT 开关管

有规律地导通与截止，将直流 300V 电转换为频率和电压均可调的三相电，输出至压缩机线圈，控制压缩机以低频或高频任意转速运行。由于室外机 CPU 输出 6 路信号控制模块内部 IGBT 开关管的导通与截止，因此压缩机转速由室外机 CPU 决定，模块只起一个放大信号时转换电压的作用。

室外机 CPU 的 ⑥⑨、⑥⑧、⑥⑦、⑥⑥、⑥③、⑥② 脚共 6 个引脚输出 6 路信号，经电阻 R15、R13、R16、R12、R14、R11（330Ω）送至模块的 ⑳ 脚（U＋、驱动 Q1）、㉔ 脚（U－、驱动 Q4）、㉒ 脚（V＋、驱动 Q2）、㉕ 脚（V－、驱动 Q5）、㉓ 脚（W＋、驱动 Q3）、㉖ 脚（W－、驱动 Q6），驱动 IGBT 开关管有规律地导通和截止，从而控制压缩机的运行速度。

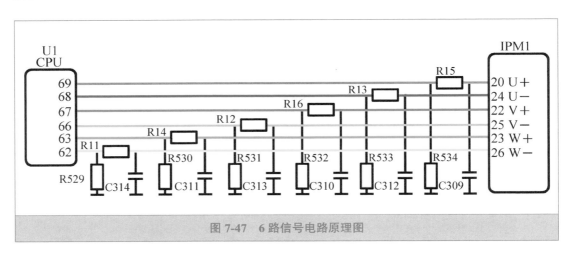

图 7-47　6 路信号电路原理图

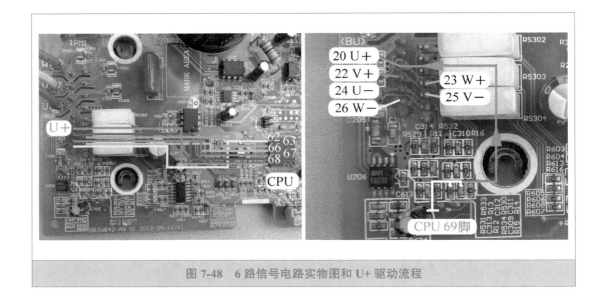

图 7-48　6 路信号电路实物图和 U＋ 驱动流程

1. 作用

该电路的作用是向室外机 CPU 反馈模块（IPM）的实际温度，使 CPU 综合其他的数据对压缩机进行更好的控制。

2. 工作原理

图 7-49 为模块温度反馈电路原理图，图 7-50 为实物图。

模块内置高精度的温度传感器，实时检测表面模块温度，其中 1 个引脚接 ㉙ 脚公共端地（在电路中作为下偏置电阻），1 个引脚由 ㉗ 脚（VTH）引出，经 R625 送至室外机 CPU 的 ⑰ 脚，CPU 根据电压计算出模块的实际温度，作为输入部分电路的信号，综合其他数据信号，以便对模块、压缩机、室外风机进行更好的控制。

模块内置的传感器为负温度系数热敏电阻，温度较低时阻值较大，㉗ 脚的电压较高（接近 3.1V）；当模块温度上升，其阻值下降，㉗ 脚的电压也逐渐下降（2.7V）。

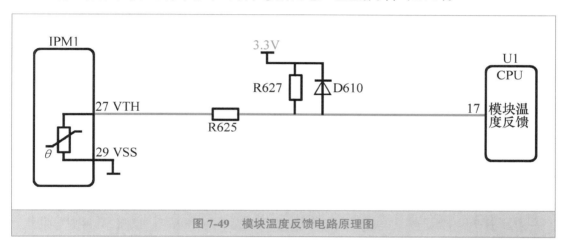

图 7-49　模块温度反馈电路原理图

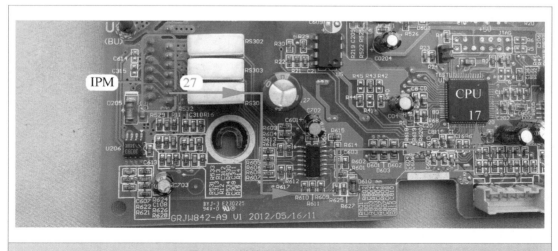

图 7-50　模块温度反馈电路实物图

三、 模块保护电路

1. 作用

模块保护电路原理简图和保护内容见第五章第三节第七部分内容。

2. 工作原理

图 7-51 为模块（IPM）保护电路原理图，图 7-52 为其实物图，表 7-18 为模块保护引脚和 CPU 引脚电压的对应关系。

本机模块 ⑱ 脚为 FO 模块保护输出，CPU 的 ⑮ 脚为模块保护检测引脚。模块保护输出引脚为集电极开路型设计，正常情况下此脚与外围电路不相连，CPU ⑮ 脚和模块 ⑱ 脚通过电阻 R1（2.4kΩ）连接至电源 3.3V，因此模块正常工作即没有输出保护信号时，CPU ⑮ 脚和模块 ⑱ 脚的电压均约为 3.2V。

如果模块内部电路检测到 15V 电压低、温度过高、电流过大、短路共 4 种故障时，停止处理 6 路信号，同时内部晶体管导通，⑱ 脚和 ㉙ 脚相连接地，CPU ⑮ 脚也与地相连，电压由高电平 3.2V 变为低电平约 0.01V，CPU 内部电路检测后停止输出 6 路信号，停机进行保护，并将代码（模块故障）通过通信电路传送至室内机 CPU，室内机 CPU 分析后显示 H5 的代码。

➡ 说明：由于模块检测的 4 种保护使用同 1 个输出端子，因此室外机 CPU 检测后只能判断为"模块保护"，而具体是哪一种保护则判断不出来。

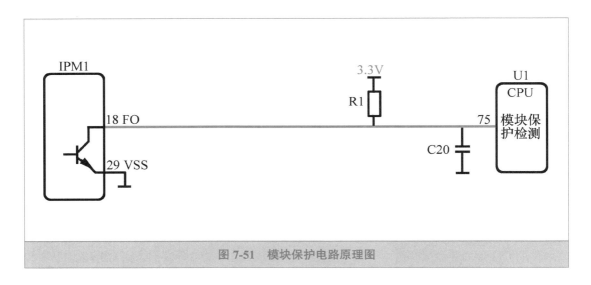

图 7-51　模块保护电路原理图

表 7-18　模块保护引脚和 CPU 引脚电压的对应关系

	模块⑱脚	CPU⑮脚
正常待机或运行	3.2V	3.2V
模块保护	0.01V	0.01V

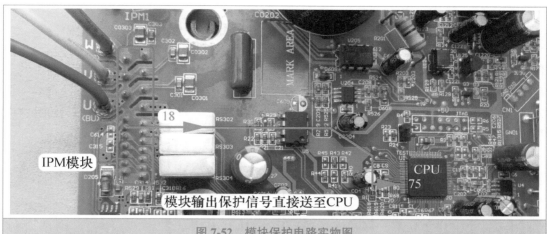

图 7-52 模块保护电路实物图

四、 模块过电流保护电路

1. 作用

该电路的作用是检测压缩机 U、V、W 三相的相电流，当相电流过大时输出保护电压至模块，模块停止处理 6 路信号，并输出保护信号至室外机 CPU，使压缩机停止工作，以保护模块和压缩机。

2. 10393 引脚功能

主板代号 U206 使用型号为 10393 的集成电路，其引脚功能见表 7-19，其为双列 8 个引脚，⑧脚为 5V 供电，④脚接地。

10393 内含 2 路相同的电压比较器，本机实际只使用 1 路（比较器 2），即⑤、⑥、⑦脚，比较器 1 空闲（其中①和②为空脚、③脚和④脚相连接地）。

表 7-19 10393 引脚功能

引脚	①	②	③	④	⑤	⑥	⑦	⑧
符号	OUT1	– IN1	+ IN1	VSS	+ IN2	– IN2	OUT2	VCC
功能	输出 1	反相输入 1	同相输入 1	地	同相输入 2	反相输入 2	输出 2	电源
说明	比较器 1（A）			0V	比较器 2（B）			5V

3. 工作原理

图 7-53 为模块过电流保护电路原理图，图 7-54 为其实物图，表 7-20 为相电流和室外机状态的对应关系。

U206（10393）的⑥脚为比较器 2 的反相输入，由 R628（5.1kΩ）和 R626（2.2kΩ）分压，⑥脚电压为 1.5V，作为基准电压。

当压缩机正常运行时，相电流放大电路 U601 输出的 U 相电流（I_{NU}）、V 相电流（I_{NV}）、W 相电流（I_{NW}）均正常，经 D601、D602、D603、R621 输送至 U206 的⑤脚电压低于 1.5V，比较器 2 不动作，其⑦脚输出低电平 0V，模块 ⑯ 脚电压也为低电平，模块判断压缩机相电流正常，保护电路不动作，压缩机继续运行，室外机运行正常。

当压缩机、模块、相电流电路等有故障，引起 U 相电流（I_{NU}）、V 相电流（I_{NV}）、W 相电流（I_{NW}）中任意一相电压增加，加至 U206 的⑤脚电压超过 1.5V 时，比较器 2 动作，其⑦脚输出高电平 5V 电压，至模块 ⑯ 脚同样为 5V 电压，模块内部电路检测后判断压缩机相电流过大，内部保护电路迅速动作，不再处理 6 路信号，IGBT 开关管停止工作，压缩机也停止运行，同时模块 ⑱ 脚输出约 0.01V 低电平电压，送至 CPU 的 ⑦⑤ 脚，CPU 检测后判断模块出现故障，立即停止输出 6 路信号，并将"模块保护"的代码通过通信电路传送至室内机 CPU，室内机 CPU 分析后显示 H5 的代码。

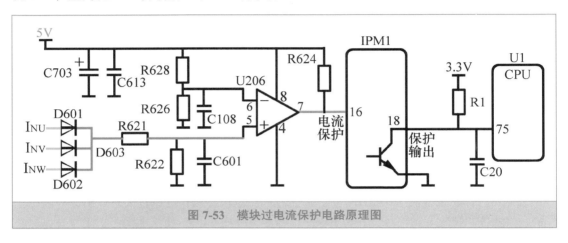

图 7-53　模块过电流保护电路原理图

表 7-20　相电流和室外机状态的对应关系

| | U206 | | | 模块 | | CPU | 室外机 |
	⑤脚	⑥脚	⑦脚	⑯ 脚	⑱ 脚	⑦⑤ 脚	状态
相电流正常	0.8V	1.5V	0.01V	0.01V	3.2V	3.2V	正常
相电流升高	2.9V	1.5V	4.9V	4.9V	0.01V	0.01V	停机 H5

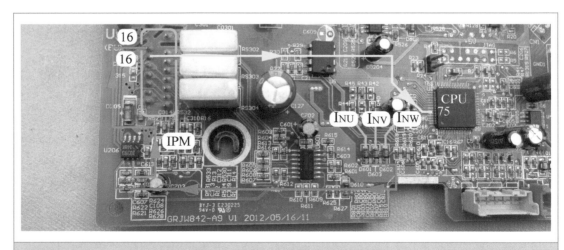

图 7-54　模块过电流保护电路实物图